大数据系列丛书

数据采集技术

廖大强 主编

清华大学出版社
北京

内 容 简 介

本书介绍基于 Python 语言的网络数据采集技术的相关知识,并为采集网络中的各种数据类型提供全面指导。第 1 章重点介绍 Scrapy 框架及配置方法;第 2~6 章重点介绍网络数据采集的基本原理,包括如何利用 Python 从网络服务器请求信息,如何对服务器的响应进行基本处理,以及如何通过自动化的手段与网站进行交互;第 7、8 章介绍登录表单与验证码的数据采集和自动化处理,以及并行多线程网络数据的采集方法。本书还提供了多个实验,以帮助读者巩固所学内容。

本书适合作为普通高等院校计算机程序设计、大数据课程的教材,也可作为从事 Web 数据采集的软件开发人员和研究人员的参考书。

本书封面贴有清华大学出版社防伪标签,无标签者不得销售。
版权所有,侵权必究。举报:010-62782989,beiqinquan@tup.tsinghua.edu.cn。

图书在版编目(CIP)数据

数据采集技术/廖大强主编. —北京:清华大学出版社,2022.4(2024.6重印)
(大数据系列丛书)
ISBN 978-7-302-60058-9

Ⅰ.①数… Ⅱ.①廖… Ⅲ.①数据采集-高等学校-教材 Ⅳ.①TP274

中国版本图书馆 CIP 数据核字(2022)第 023308 号

责任编辑:郭　赛
封面设计:常雪影
责任校对:胡伟民
责任印制:丛怀宇

出版发行:清华大学出版社
　　　　　网　　址:https://www.tup.com.cn,https://www.wqxuetang.com
　　　　　地　　址:北京清华大学学研大厦 A 座　　　邮　编:100084
　　　　　社 总 机:010-83470000　　　　　　　　　邮　购:010-62786544
　　　　　投稿与读者服务:010-62776969,c-service@tup.tsinghua.edu.cn
　　　　　质量反馈:010-62772015,zhiliang@tup.tsinghua.edu.cn
　　　　　课件下载:https://www.tup.com.cn,010-83470236
印 装 者:大厂回族自治县彩虹印刷有限公司
经　　销:全国新华书店
开　　本:185mm×260mm　　　印 张:14.25　　　字　数:358 千字
版　　次:2022 年 4 月第 1 版　　　　　　　　　印　次:2024 年 6 月第 4 次印刷
定　　价:49.80 元

产品编号:091149-01

出 版 说 明

随着互联网技术的高速发展,大数据逐渐成为一股热潮,业界对大数据的讨论已经达到前所未有的高峰,大数据技术逐渐在各行各业甚至人们的日常生活中得到广泛应用。与此同时,人们也进入了云计算时代,云计算正在快速发展,相关技术热点也呈现出百花齐放的局面。截至目前,我国大数据及云计算的服务能力已得到大幅提升。大数据及云计算技术将成为我国信息化的重要形态和建设网络强国的重要支撑。

我国大数据及云计算产业的技术应用尚处于探索和发展阶段,且由于人才培养和培训体系的相对滞后,大批相关产业的专业人才严重短缺,这将严重制约我国大数据产业及云计算的发展。

为了使大数据及云计算产业的发展能够更健康、更科学,校企合作中的"产、学、研、用"越来越凸显重要,校企合作共同"研"制出的学习载体或媒介(教材),更能使学生真正学有所获、学以致用,最终直接对接产业。以"产、学、研、用"一体化的思想和模式进行大数据教材的建设,以"理实结合、技术指导书本、理论指导产品"的方式打造大数据系列丛书,可以更好地为校企合作下应用型大数据人才培养模式的改革与实践做出贡献。

本套丛书均由具有丰富教学和科研实践经验的教师及大数据产业的一线工程师编写,丛书包括《大数据技术基础应用教程》《数据采集技术》《数据清洗与 ETL 技术》《数据分析导论》《大数据可视化》《云计算数据中心运维管理》《数据挖掘与应用》《Hadoop 大数据开发技术》《大数据与智能学习》《大数据深度学习》等。

作为一套从高等教育和大数据产业的实际情况出发而编写出版的大数据校企合作教材,本套丛书可供培养应用型和技能型人才的高等学校大数据专业的学生使用,也可供高等学校其他专业的学生及科技人员使用。

编委会主任
刘文清

编 委 会

主　任：刘文清

副主任：陈　统　李　涛　周　奇

委　员：

于　鹏	新华三集团新华三大学	张小波	广东轩辕网络科技股份有限公司
王正勤	广州南洋理工职业学院		
王会林	韩山师范学院	张　纯	汕头开放大学
王国华	华南理工大学	张建明	长沙理工大学
王珊珊	广东轻工职业技术学院	张艳红	广州理工学院
王敏琴	肇庆学院	陈永波	新华三集团新华三大学
左海春	广州南洋理工职业学院	陈　强	广东科技学院
申时全	广州软件学院	罗定福	广东松山职业技术学院
田立伟	广东科技学院	周永塔	广东南华工商职业学院
冯　广	广东工业大学	周永福	河源职业技术学院
朱天元	吉林大学珠海学院	郑海清	广东南华工商职业学院
朱光迅	广东科学职业技术学院	柳义筠	广州科技贸易职业学院
朱香元	肇庆学院	贺敏伟	广东财经大学
伍文燕	广东工业大学	翁　健	暨南大学
华海英	广东财经大学	黄清宝	广西大学
邬依林	广东第二师范学院	龚旭辉	广东工业大学
刘小兵	新华三集团新华三大学	梁同乐	广东邮电职业技术学院
刘红玲	广州南洋理工职业学院	曾振东	广东青年职业学院
汤　徽	新华三集团新华三大学	谢　锐	广东工业大学
许　可	华南理工大学	简碧园	广州交通职业技术学院
苏　绚	汕头开放大学	蔡木生	广州软件学院
李　舒	中国医科大学	蔡永铭	广东药科大学
杨胜利	广东科技学院	蔡　毅	华南理工大学
杨　峰	广东财经大学	廖大强	广东南华工商职业学院
邱　新	汕头开放大学	熊　伟	广东药科大学
余姜德	中山职业技术学院		

前 言
FOREWORD

互联网包含迄今为止最有用的数据集,并且大部分数据集都可以免费访问,但是这些数据难以复用,它们被嵌入在网站的结构和样式中,需要抽取出来才能使用。从网页中抽取数据的过程称为网络数据采集。随着越来越多的信息被发布到网络上,网络数据采集也变得越来越有用。

本书可作为数据科学与大数据技术专业、大数据技术与应用专业及相关专业的教学用书。针对应用型本科专业的特点,本书采用"教、学、做一体化"的教学方法,为培养高端应用型人才提供合适的教学与训练方法。本书以实际项目转化的案例为主线,按"学做合一"的指导思想,引入构思、设计、实现、运作(Conceive、Design、Implement、Operate,CDIO)工程教育方法,在完成技术讲解的同时,对读者提出相应的自学要求和指导。读者在阅读本书的过程中,不仅能快速完成基本技术的学习,而且能按工程化实践的要求进行项目的开发,并实现相应的功能。

本书作者拥有多年实际项目的开发经验和丰富的一线教育教学经验,完成了多轮次、多类型的教育教学改革与研究工作。本书在编写过程中得到了广东第二师范学院邬依林教授的大力支持。

本书的主要特点如下。

1. 实际项目开发与理论教学紧密结合

为使读者能快速掌握相关技术并按实际项目的开发要求熟练运用相关知识,本书在各章节的重要知识点后面根据实际项目设计了相关实验。

2. 组织合理、有序

本书按照由浅入深的顺序,在逐渐丰富系统功能的同时引入了相关技术与知识,使技术讲解与训练合二为一,有助于"教、学、做一体化"的实施。

为方便读者使用,书中全部实例的源码及PPT课件均免费提供给读者,读者可登录清华大学出版社官方网站(http://www.tup.tsinghua.edu.cn)下载。

本书由廖大强担任主编,其中第1章由周永塔、郑海清编写,第2~8章由廖大强编写,廖大强统编全书。

由于编者水平有限,书中的不妥或疏漏之处在所难免,殷切希望广大读者批评指正。

编 者
2022年2月

目 录
CONTENTS

第1章 绪论 …… 1
1.1 数据采集概述 …… 1
1.1.1 什么是数据采集 …… 1
1.1.2 数据采集的典型应用场景 …… 2
1.1.3 数据采集技术框架 …… 3
1.1.4 数据采集面临的挑战 …… 6
1.2 网络爬虫概述 …… 6
1.2.1 什么是网络爬虫 …… 6
1.2.2 网络爬虫的应用 …… 6
1.2.3 网络爬虫的结构 …… 7
1.2.4 网络爬虫的组成 …… 7
1.2.5 网络爬虫的类型 …… 8
1.2.6 实现网络爬虫的技术 …… 10
1.3 Scrapy 爬虫 …… 10
1.3.1 Scrapy 框架 …… 10
1.3.2 Scrapy 的常用组件 …… 11
1.3.3 Scrapy 工作流 …… 12
1.3.4 其他 Python 框架 …… 12
1.3.5 Scrapy 的安装与配置 …… 13
1.3.6 Windows 7 下的安装配置 …… 13
1.3.7 Linux(Cent OS) 下的安装配置 …… 18
本章小结 …… 22
习题 …… 22

第2章 采集网页数据 …… 23
2.1 采集网页分析 …… 23
2.1.1 HTTP 概述 …… 23
2.1.2 HTTP 消息 …… 23
2.2 用 Python 实现 HTTP 请求 …… 25
2.2.1 urllib3/urllib 的实现 …… 25
2.2.2 httplib/urllib 的实现 …… 27
2.2.3 第三方库 Requests 方式 …… 27
2.3 静态网页采集 …… 29
2.3.1 寻找数据特征 …… 30
2.3.2 获取响应内容 …… 31
2.3.3 定制 Requests …… 32
2.3.4 代码解析 …… 35
2.4 动态网页采集 …… 37
2.4.1 找到 JavaScript 请求的数据接口 …… 38
2.4.2 请求和解析数据接口数据 …… 41
2.5 实验1：HTML 网页采集 …… 42
2.5.1 新建项目 …… 42
2.5.2 编写代码 …… 43
2.5.3 运行程序 …… 44
本章小结 …… 45
习题 …… 45

第3章 解析采集到的网页 …… 47
- 3.1 使用正则表达式解析 …… 47
  - 3.1.1 基本语法与使用 …… 47
  - 3.1.2 Python 与正则表达式 …… 48
- 3.2 使用 Beautiful Soup 解析 … 52
  - 3.2.1 Python 网页解析器 … 52
  - 3.2.2 Beautiful Soup 第三方库 …… 53
- 3.3 使用 lxml 解析 …… 72
  - 3.3.1 安装 lxml …… 72
  - 3.3.2 XPath 语言 …… 72
  - 3.3.3 使用 lxml …… 74
- 3.4 解析方法的优缺点对比 …… 76
- 3.5 实验2：使用正则表达式解析采集的网页 …… 77
  - 3.5.1 目标网站分析 …… 77
  - 3.5.2 编写代码 …… 78
  - 3.5.3 运行结果 …… 79
- 3.6 实验3：使用 Beautiful Soup 解析采集的网页 …… 80
  - 3.6.1 目标网站分析 …… 80
  - 3.6.2 编写代码 …… 81
  - 3.6.3 运行结果 …… 83
- 本章小结 …… 84
- 习题 …… 85

第4章 存储采集到的数据 …… 86
- 4.1 HTML 正文抽取 …… 86
  - 4.1.1 存储为 JSON 格式 … 86
  - 4.1.2 存储为 CSV 格式 …… 90
- 4.2 MySQL 数据库 …… 91
  - 4.2.1 安装 MySQL …… 92
  - 4.2.2 与 Python 整合 …… 94
  - 4.2.3 在网络数据采集中使用 MySQL …… 97
- 4.3 更适合网络数据采集的 MongoDB …… 103
  - 4.3.1 安装 MongoDB …… 103
  - 4.3.2 MongoDB 基础 …… 105
  - 4.3.3 Python 操作 MongoDB …… 107
- 4.4 实验4：使用 MongoDB 存储网络采集的数据 …… 108
  - 4.4.1 网站分析 …… 109
  - 4.4.2 获取首页数据 …… 110
  - 4.4.3 解析数据 …… 111
  - 4.4.4 存储到 MongoDB … 112
- 4.5 实验5：采集数据并存储到 MySQL …… 114
  - 4.5.1 准备工作 …… 114
  - 4.5.2 编写代码 …… 115
  - 4.5.3 运行结果 …… 117
- 本章小结 …… 118
- 习题 …… 118

第5章 基础网络数据采集 …… 119
- 5.1 基础网络数据采集的架构及运行流程 …… 119
- 5.2 URL 管理器 …… 121
  - 5.2.1 URL 管理器的主要功能 …… 121
  - 5.2.2 URL 管理器的实现方式 …… 121
- 5.3 HTML 下载器 …… 123
  - 5.3.1 下载方法 …… 123
  - 5.3.2 注意事项 …… 124
- 5.4 HTML 解析器 …… 124
- 5.5 数据存储器 …… 126
- 5.6 数据调度器 …… 127
- 5.7 实验6：Scrapy 基础网络数据采集 …… 128
  - 5.7.1 创建采集模块 …… 128
  - 5.7.2 启动程序 …… 129
  - 5.7.3 控制运行状态 …… 131
- 本章小结 …… 136

习题 ······ 136

第6章 分布式网络数据采集 ······ 137
6.1 分布式运行结构 ······ 137
6.1.1 分布式网络数据采集分析 ······ 137
6.1.2 简单分布式架构 ······ 138
6.1.3 工作机制 ······ 138
6.2 控制节点 ······ 140
6.2.1 URL管理器 ······ 140
6.2.2 数据存储器 ······ 142
6.2.3 控制调度器 ······ 145
6.3 采集节点 ······ 148
6.3.1 HTML下载器 ······ 149
6.3.2 HTML解析器 ······ 149
6.3.3 网络数据采集调度器 ······ 150
6.4 反爬技术 ······ 151
6.4.1 反爬问题 ······ 152
6.4.2 反爬机制 ······ 152
6.4.3 浏览器伪装技术 ······ 159
6.5 实验7：Scrapy分布式网络数据采集 ······ 161
6.5.1 创建起点数据采集项目 ······ 161
6.5.2 定义Item ······ 163
6.5.3 编写网络数据采集模块 ······ 164
6.5.4 Pipeline ······ 166
6.5.5 应对反爬机制 ······ 168
6.5.6 去重优化 ······ 171
本章小结 ······ 173
习题 ······ 173

第7章 登录表单与验证码的数据采集 ······ 174
7.1 网页登录表单 ······ 174
7.1.1 登录表单处理 ······ 175
7.1.2 加密数据分析 ······ 180
7.1.3 Cookie的使用 ······ 184
7.2 验证码的处理 ······ 185
7.2.1 什么是验证码 ······ 185
7.2.2 人工处理验证码 ······ 186
7.2.3 OCR处理验证码 ······ 189
7.3 实验8：Scrapy模拟采集豆瓣网数据 ······ 191
7.3.1 分析豆瓣登录 ······ 191
7.3.2 编写代码 ······ 192
7.3.3 实验调试与运行 ······ 194
7.3.4 问题处理 ······ 195
本章小结 ······ 196
习题 ······ 196

第8章 并行多线程网络数据采集 ······ 198
8.1 多线程网络数据采集 ······ 198
8.1.1 1000个网站网页 ······ 198
8.1.2 串行采集 ······ 199
8.1.3 多线程网络数据采集的工作原理 ······ 199
8.2 多进程网络数据采集 ······ 203
8.2.1 线程和进程如何工作 ······ 203
8.2.2 实现多进程采集 ······ 204
8.3 实验9：Scrapy天气数据采集 ······ 208
8.3.1 创建项目 ······ 208
8.3.2 定义Item ······ 209
8.3.3 编写采集天气数据的程序 ······ 209
8.3.4 运行程序验证数据 ······ 211
8.3.5 保存采集到的数据 ······ 211
8.3.6 运行程序 ······ 213
本章小结 ······ 215
习题 ······ 215

绪 论

学习目标：
- 了解数据采集、网络爬虫等相关概念；
- 掌握网络爬虫的应用；
- 熟悉Scrapy爬虫框架、常用组件等；
- 能够进行Scrapy爬虫安装及配置。

在这个信息爆炸的年代，互联网上积累了大量数据，这些数据集中在一起形成了大数据。随着大数据时代的来临，网络爬虫在互联网中的应用将越来越重要。对实时大数据进行分析，对于任何主体来说，它的价值都不言而喻，特别是中小微公司无法通过自身产生大量的数据，而如果能够合理利用爬虫爬取有价值的数据，就可以弥补自身的先天数据短板。互联网数据是海量的，通过爬虫爬取有价值的数据首先要解决的就是数据采集问题，有效甚至高效、自动地采集数据是最基础的工作，也是最重要的工作。本章将系统阐述数据采集的概念及其应用、网络爬虫的知识以及Scrapy的安装。

1.1 数据采集概述

在信息技术快速发展的今天，数据采集已经被广泛应用于各行各业。本书所讲的数据采集对象是指各种存储于数据库、文件系统、网络的数据，现已形成大数据。大数据来源可以是传统的服务器日志文件，可以是各种图像、音频、视频文件，也可以是物联网数据等，且伴随着移动网络数据的爆发式增长，其也日益成为大数据的重要组成部分。数据采集是指获取相应的数据。

1.1.1 什么是数据采集

要想了解数据采集，先要了解数据采集的概念，以及与数据采集相关的线上行为数据、内容数据、大数据的主要来源等概念。

数据采集（Data AcQuisition，DAQ）又称数据获取，是指从各类数据库、机器设备、传感器等自动采集信息的过程。数据采集的对象在新一代数据体系中将传统数据体系中没有考虑过的新数据源进行了归纳与分类，将其分为线上行为数据与内容数据两大类。

① 线上行为数据：页面数据、交互数据、表单数据、会话数据等。

② 内容数据：应用日志、电子文档、机器数据、语音数据、社交媒体数据等。

随着大数据时代的来临，数据采集面临着更多新的难题。传统数据与大数据的数据采集的区别如表1-1所示。

表1-1 传统数据与大数据的数据采集的区别

传统数据	大数据
来源单一	来源广泛
结构单一	数据类型丰富，包括结构化、半结构化、非结构化
关系数据库和并行数据仓库	传统关系数据库、数据仓库、分布式数据库

从表1-1可以看出传统数据采集的不足：传统的数据采集来源单一，且存储、管理和分析数据量也相对较小，大多采用关系数据库和并行数据仓库即可处理。而目前所处的大数据时代的数据来源更广泛，类型更丰富，实时要求更高，这大幅提高了数据采集的难度。

1.1.2 数据采集的典型应用场景

1. 知识信息储备

服务、保险、汽车、维修、医药等行业需要储备规模巨大的资料库，而传统、庞大、繁杂的解答手册和知识系统会造成重复查询，导致系统延迟和成本上升，使用数据采集技术将有效缓解这类问题。例如，某全球航空制造商部署了IBM InfoSphere Data Explore，使技师、支持人员和工程师能够通过单一访问点即时查看位于不同应用程序中的信息。部署第一年，该公司全天候支持的呼叫时间从过去的50分钟缩短为15分钟，每年节约3600万美元。这就是通过数据采集技术将众多数据库集中在一起所产生的价值。

下面简单介绍一下IBM InfoSphere Data Explorer。其为来自不同数据来源的大量结构化、非结构化和半结构化的数据建立索引，还拥有构建大数据探查应用程序和360°信息应用程序的能力。IBM InfoSphere Data Explorer允许用户根据存储在不同内部和外部数据存储库中的庞大数据集合，创建不同实体（如客户、产品、事件、合作伙伴等）的相关信息视图，而无须移动数据。

当今企业面临的一个重要挑战是：用户无法快速找到解决业务问题或完成一项任务所需的数据。通常，数据分散在不同的系统中，以便支持由不同组织管理的具体应用程序。而对于企业来说，新数据来源已逐渐成为关键的资源，人们需要在日常工作中和制定重要决策时考虑它们，比如社交媒体、来自移动设备的数据等。

例如，联系人信息、购买的产品、开具的服务票据和保修信息等客户信息都存储在不同的业务应用程序中，如客户关系管理（Customer Relationship Management，CRM）、支持票据系统、市场门户等。在这种情况下，如果销售人员希望联系客户进行追加销售，则必须先登录多个应用程序以汇总客户的信息，或者与多人沟通以获取所有的客户信息。

IBM InfoSphere Data Explorer解决了这个难题。信息存储在许多不同的系统或数据仓库中,用户可采用一致的方式查看所有数据,快速导航到与他们最相关的信息。

2. 搜索技术

人们几乎每天都在使用搜索引擎。搜索引擎离不开爬虫,比如百度搜索引擎的网络爬虫(简称爬虫)叫作百度蜘蛛(Baidu spider)。百度蜘蛛每天会在海量的互联网信息中爬取优质信息并收录。当用户在百度搜索引擎上检索相应的关键词时,百度将对关键词进行分析处理,从收录的网页中找出相关网页,最后按照一定的排名规则进行排序并将结果展现给用户。在这个过程中,百度蜘蛛起到了至关重要的作用。那么,如何覆盖互联网中更多的优质网页?又如何筛选并去除重复的页面?这些都是由百度蜘蛛的算法决定的。采用不同的算法,爬虫的运行效率会不同,爬取结果也会有所差异。

除了百度搜索引擎外,其他搜索引擎也离不开爬虫,它们也拥有自己的爬虫。比如,360 的爬虫叫 360 Spider,搜狗的爬虫叫 Sogou spider,必应的爬虫叫 Bingbot。

3. 其他网络爬虫应用

互联网上有着无数的网页,它们包含着海量的信息。网络爬虫可以代替手工做很多事情,除了可以作为搜索引擎,还可以爬取网站上面的图片等信息。例如,可以将某些网站上的图片全部爬取下来,集中进行浏览。同时,网络爬虫也可以用在金融投资领域,比如可以自动爬取一些金融数据以进行投资分析等。其他应用列举如下。

① 新闻网站集中阅读。用户每次都要分别打开不同的新闻网站进行浏览,这样做比较麻烦。此时可以利用网络爬虫将这些新闻网站中的新闻信息爬取下来,再集中进行阅读。

② 过滤广告。浏览网站时经常有广告出现,同样可以利用爬虫技术将对应网页上的有用信息爬取过来,这样就可以自动过滤掉这些广告,方便对信息进行阅读与使用。

③ 精准营销。如何找到目标客户及目标客户的联系方式是一个关键问题。可以手动在互联网中寻找,但是效率很低。而如果利用爬虫,便可以设置对应的规则,自动从互联网中采集目标用户的联系方式等数据,从而做到精准营销。

④ 网站用户信息分析。比如,分析某网站的用户活跃度、发言数、热门文章等信息。如果不是网站管理员,而是通过人工统计每页的数据,则工作量将极其庞大。利用爬虫可以轻松地采集到这些数据,以便进行进一步的分析,而这一切爬取的操作都是自动进行的,只需要编写好对应的爬虫代码,并设计好对应的规则即可。

从上面的应用举例可以看出,利用爬虫技术可以简单高效地解决很多问题,而爬虫技术就是利用数据采集技术实现的。以上应用也是数据采集技术使用得最广泛的场景。

1.1.3 数据采集技术框架

任何完整的数据平台一般都包括数据采集→数据存储→数据处理→可视化等几个过程,如图 1-1 所示。

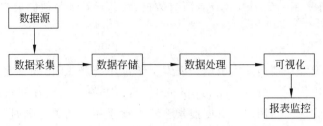

图 1-1 数据采集技术架构

1. 数据采集的方法

数据采集是数据系统必不可少的关键部分,也是数据平台的根基。根据不同的应用环境及采集对象,有以下几种数据采集方法。

(1) 系统日志采集

很多互联网企业都有自己的海量数据采集工具,多用于系统日志采集,如 Hadoop 的 Chukwa、Cloudera 的 Flume、Facebook 的 Scribe 等。这些工具均采用分布式架构,能满足每秒数百兆字节的日志数据采集和传输要求。

(2) 网络数据采集

网络数据采集是指通过网络爬虫或网站公开的应用程序编程接口(Application Programming Interface,API)等方式从网站上获取数据信息。该方法可以将非结构化数据从网页中抽取出来,将其存储为统一的本地数据文件,并以结构化的方式存储,支持图片、音频、视频等文件的采集,文件与正文可以自动关联,主流的编程语言有 Python 和 Java。

(3) 其他数据采集方法

对于企业生产经营数据或学科研究数据等保密性要求较高的数据,可以通过与企业或研究机构合作的方式,使用特定的系统接口等相关方式采集数据。

2. 两种主流的数据采集架构

ETL 是常用的数据集成架构,它是 Extract Transform Load 的缩写,用来描述将数据从来源端经过抽取(Extract)、转换(Transform)、加载(Load)至目的端的过程。ETL 一词较常用在数据仓库,但其对象并不限于数据仓库。下面介绍两种主流的数据采集架构。

(1) 日志收集系统

日志收集系统主要用来进行日志采集工作。Flume 是 Apache 旗下的一款开源、高可靠、高扩展、容易管理、支持客户扩展的数据采集系统。Flume 使用 JRuby 构建,依赖 Java 运行环境。Flume 被设计成一个分布式的管道架构,可以看作在数据源和目的地之间有一个代理的网络,支持数据路由。Flume 的技术架构如图 1-2 所示。

在 Flume 的技术架构中,每个代理都由资源、管道和水槽组成。

资源负责接收输入数据,并将数据写入管道。Flume 的资源支持 HTTP、JMS、RPC、

Netcat、Exec、Spooling Directory；其中，Spooling Directory 可以监视一个目录或者文件，并解析其中新生成的事件。

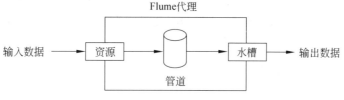

图 1-2　Flume 技术架构

管道存储从资源到下沉的中间数据，可以使用不同的配置充当通道，如内存、文件、JDBC(Java DataBase Connectivity，Java 数据库连接)等。若使用内存配置，则性能高但不持久，有可能丢失数据；若使用文件配置，则更可靠，但性能不如内存配置。

下沉(Sink)负责从管道中读出数据并发给下一个代理或者最终的目的地。下沉支持不同的目的地种类，包括 HDFS、HBASE、Solr、ElasticSearch、File、Logger 或者其他 Flume Agent。

(2) 分布式发布订阅消息系统

分布式发布订阅消息系统(Kafka)是一种高吞吐量的分布式系统，它的工作原理类似于微博的订阅，因其分布式及高吞吐率而被广泛使用，现已与 Cloudera Hadoop、Apache Storm、Apache Spark 集成，其架构如图 1-3 所示。

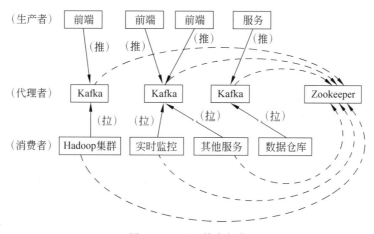

图 1-3　Kafka 技术架构

一个典型的 Kafka 集群包含生产者(Producer，可以是 Web 前端产生的浏览量或者服务器日志、系统 CPU、内存等)，数量若干；代理者(Broker，Kafka 支持水平扩展，一般代理者(Broker)数量越多，集群吞吐率越高)，数量若干；消费组(Consumer Group)，数量若干；Zookeeper 集群，数量为一个。Kafka 通过 Zookeeper 管理集群、选举领导者(Leader)以及在消费组(Consumer Group)发生变化时进行再平衡。生产者使用 Push(推)模式将消息发布给代理者，消费者使用 Pull(拉)模式从代理者订阅并消费消息。

1.1.4　数据采集面临的挑战

区别于传统数据采集,大数据采集不再仅仅使用问卷调查或信息系统的数据库取得结构化数据。大数据的来源有很多,主要包括使用网络爬虫取得的网页文本数据、使用日志收集器收集的日志数据、从关系数据库中取得的数据和由传感器收集到的时空数据等。

总体来说,数据采集面临的挑战如下:

- 数据源多种多样;
- 数据量大,更新快;
- 如何保证数据采集的可靠性;
- 如何避免重复数据;
- 如何保证数据的质量。

1.2　网络爬虫概述

网络爬虫(又称网页蜘蛛、网络机器人或网页追逐者)是一种按照一定规则自动爬取互联网信息的程序或脚本,它针对既定的爬取目标有选择地访问网页及相关链接,获取需要的数据资源。由于网络爬虫系统能为搜索引擎系统提供数据来源,所以很多大型的网络搜索引擎系统都被称为基于 Web 数据采集的搜索引擎系统,甚至包括 Google、百度等著名的搜索引擎,由此可见网络爬虫的重要性。

1.2.1　什么是网络爬虫

网络爬虫可以理解为在网络上爬行的一只蜘蛛。若将互联网比作一张大网,则爬虫便是在这张网上爬来爬去的蜘蛛,如果遇到资源,它就会爬取下来。

比如,网络爬虫在爬取一个网页时发现了一条通往其他网页的道路(即指向网页的超链接),那么它就可以爬到另一个网页以获取数据。这样,连在一起的整个大网对网络爬虫来说就触手可及了。本书重点介绍的 Python 爬虫就是利用 Python 语言实现的网络爬虫。

举个例子,想象一下平时到天猫商城购物(PC 端)的步骤,可能是打开浏览器→搜索天猫商城→单击链接进入天猫商城→选择所需商品类目(站内搜索)→浏览商品(价格、详情参数、评论等)→单击链接→进入下一个商品页面……周而复始。除了天猫之外,京东商城、苏宁易购等的相关操作也类似上述步骤,当然这其中的搜索商品也是爬虫的应用之一。简单地讲,网络爬虫是类似又区别于上述场景的一种程序。以上场景属于传统爬虫:传统爬虫从一个或若干初始网页的统一资源定位符(Uniform Resource Locator,URL)开始获得初始网页上的 URL,在爬取网页的过程中不断从当前页面上抽取新的 URL 放入队列,直到满足停止条件。

1.2.2　网络爬虫的应用

网络爬虫有非常广泛的应用,如上文所述,目前主要应用于对互联网数据的挖掘,典型的应用就是搜索。除了搜索之外,目前越来越多的网络爬虫被广泛应用于人们的工作与生活中。

网络爬虫也称网络机器人,它可以代替人们自动地在互联网中进行数据信息的采集与整理。在大数据时代,数据的采集是一项重要工作,如果单纯靠人力进行信息采集,不仅低效烦琐,搜集成本也会提高。此时,如果使用网络爬虫对数据信息进行自动采集,则将大幅提高效率。比如,应用于搜索引擎中对站点进行爬取收录,应用于数据分析与挖掘中对数据进行采集,应用于金融分析中对金融数据进行采集。另外,还可以将网络爬虫应用于舆情监测与分析、目标客户数据的收集等各个领域。

通过网络爬虫的学习,读者可以设计并实现一个小型的搜索引擎,这可以通过编写自己的爬虫实现。当然,这个爬虫在性能或者算法上肯定比不上主流的搜索引擎,但是其个性化程度会非常高,并且有利于读者更深层次地理解搜索引擎内部的工作原理。

1.2.3 网络爬虫的结构

网络爬虫的基本结构及工作流程如图 1-4 所示。

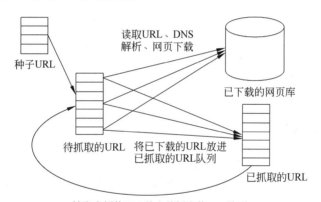

图 1-4 通用的网络爬虫框架

① 首先选取一部分精心挑选的种子 URL。
② 将这些 URL 放入待爬取的 URL 队列。
③ 从待爬取的 URL 队列中取出待爬取的 URL,解析 DNS(Domain Name System,域名解析系统),并得到主机的网络协议地址(Internet Protocol Address,IP 地址),将 URL 对应的网页下载下来并存储到已下载的网页库中,然后将这些 URL 放入已爬取的 URL 队列。
④ 分析已爬取的 URL 队列中的 URL 和其中的其他 URL,并将 URL 放入待爬取的 URL 队列,从而进入下一个循环。

1.2.4 网络爬虫的组成

网络爬虫由控制节点、爬虫节点、资源库构成。网络爬虫的控制节点和爬虫节点的结构关系如图 1-5 所示。

从图 1-5 可以看出,网络爬虫可以有多个控制节点,每个控制节点下又可以有多个爬虫节点,控制节点之间可以互相通信,控制节点和其下的各爬虫节点也可以互相通信,属于同一个控制节点下的各爬虫节点亦可以互相通信。

控制节点也称爬虫的中央控制器,主要负责为 URL 地址分配线程,并调用爬虫节点进行具体的爬行。

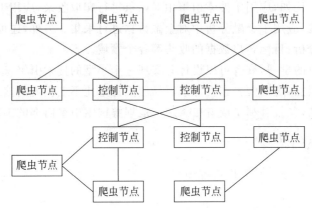

图 1-5　网络爬虫的控制节点和爬虫节点的结构关系

爬虫节点会按照相关的算法对网页进行具体的爬行,主要包括下载网页及对网页的文本进行处理,并在爬行后将对应的爬行结果存储到对应的资源库中。

1.2.5　网络爬虫的类型

网络爬虫的类型可以分为通用网络爬虫、聚焦网络爬虫、增量式网络爬虫、深层网络爬虫。

1. 通用网络爬虫

通用网络爬虫又称全网爬虫(Scalable Web Crawler,SWC),爬行对象从一些种子 URL 扩充到整个 Web,该架构主要为门户站点搜索引擎和大型 Web 服务提供商采集数据。为提高工作效率,通用网络爬虫会采取一定的爬行策略,常用的爬行策略有深度优先策略和广度优先策略。

(1) 深度优先策略

此策略按照深度由低到高的顺序依次访问下一级网页链接,直到不能再深入为止。爬虫在完成一个爬行分支后会返回上一链接节点,再进一步搜索其他链接。当所有链接遍历完成后,爬行任务结束。这种策略比较适合垂直搜索或站内搜索,但在爬行页面内容层次较深的站点时会造成资源的巨大浪费。

(2) 广度优先策略

此策略按照网页内容目录层次的深浅爬行页面,处于较浅目录层次的页面会首先被爬行。当同一层次中的页面爬行完毕后,爬虫再深入下一层继续爬行。这种策略能够有效控制页面的爬行深度,避免在遇到一个无穷深层分支时无法结束爬行的问题,实现方便,无须存储大量中间节点;其不足之处在于需要较长时间才能爬行到目录层次较深的页面。

2. 聚焦网络爬虫

聚焦网络爬虫(Focused Crawler,FC)又称主题网络爬虫(Topical Crawler,FC),是指选择性地爬行那些与预先定义好的主题相关的页面的网络爬虫,常用的策略有基于内容评价的爬行策略、基于链接结构评价的爬行策略、基于增强学习的爬行策略、基于语境图的爬行策略。

(1) 基于内容评价的爬行策略

为了将文本相似度的计算方法引入网络爬虫,人们提出了 Fish-Search 算法,它将用户输入的查询词作为主题,包含查询词的页面被视为与主题相关。该算法的局限性在于无法评价页面与主题相关度的高低。后人对 Fish-Search 算法进行了改进,提出了 Shark-Search 算法,它利用空间向量模型计算页面与主题的相关度大小。

(2) 基于链接结构评价的爬行策略

Web 页面作为一种半结构化文档,包含很多结构信息,可以用来评价链接的重要性。PageRank 算法(又称网页排名)最初用于在搜索引擎信息检索中对查询结果进行排序,也可用于评价链接的重要性,具体做法是每次选择 PageRank 值较大的页面中的链接进行访问。另一个利用 Web 结构评价链接价值的算法是超文本敏感标题搜索(Hyperlink-Induced Topic Search,HITS)算法,它通过计算每个已访问页面的 Authority 权重和 Hub 权重决定链接的访问顺序。

(3) 基于增强学习的爬行策略

Rennie 和 McCallum 将增强学习引入聚焦爬虫,利用贝叶斯分类器,根据整个网页文本和链接文本对超链接进行分类,对每个链接计算出重要性,从而决定链接的访问顺序。

(4) 基于语境图的爬行策略

Diligenti 等人提出了一种通过建立语境图(Context Graphs)学习网页之间的相关度训练机器进行学习的系统,通过该系统可以计算当前页面到相关 Web 页面的距离,距离越近的页面中的链接会被优先访问。

3. 增量式网络爬虫

增量式网络爬虫(Incremental Web Crawler,IWC)是指对已下载的网页采取增量式更新和只爬行新产生或者已经发生变化的网页的爬虫,它能够在一定程度上保证爬行的页面是尽可能新的页面。

增量式爬虫有两个目标:保持本地页面集中存储的页面为最新页面和提高本地页面集中页面的质量。为实现第一个目标,增量式爬虫需要通过重新访问网页更新本地页面集中的页面内容,常用的方法如下。

- 统一更新法:爬虫以相同的频率访问所有网页,不考虑网页的改变频率。
- 个体更新法:爬虫根据个体网页的改变频率重新访问各页面。

- 基于分类的更新法：爬虫根据网页的改变频率将其分为更新较快的网页子集和更新较慢的网页子集，然后以不同的频率访问这两类网页。

为实现第二个目标，增量式爬虫需要对网页的重要性进行排序，常用的策略有广度优先策略和 PageRank 优先策略。

4. 深层网络爬虫

深层网络爬虫将 Web 页面按存在的方式分为表层网页（Surface Web）和深层网页（Deep Web，也称 Invisible Web Pages 或 Hidden Web）。表层网页是指传统搜索引擎可以索引的页面，即以超链接可以到达的静态网页为主构成的 Web 页面。深层网页是指那些大部分内容不能通过静态链接获取的、隐藏在搜索表单后的、只有用户提交一些关键词才能获得的 Web 页面。深层网络爬虫体系结构包含 6 个基本功能模块（爬行控制器、解析器、表单分析器、表单处理器、响应分析器、LVS 控制器）和 2 个爬虫内部数据结构（URL 列表、LVS 表）；其中，LVS（Label Value Set）表示标签/数值的集合，用来表示填充表单的数据源。

爬取过程中最重要的部分就是表单填写，包含以下两种类型：
- 基于领域知识的表单填写；
- 基于网页结构分析的表单填写。

实际的网络爬虫系统通常是由几种爬虫技术相结合实现的。

1.2.6　实现网络爬虫的技术

网络爬虫是采集数据的一门技术，它可以帮助人们自动进行信息的获取与筛选。从技术手段来说，网络爬虫有多种实现技术，如 PHP、Java、Python 等，用 Python 也会有很多不同的技术方案（Urllib、Requests、Scrapy、Selenium 等），每种技术各有各的特点，读者只需要掌握一种技术，其他的便能够融会贯通。

1.3　Scrapy 爬虫

Scrapy 是一个为了爬取网站数据、提取结构化数据而编写的应用框架，可以应用在包括数据挖掘、信息处理或存储历史数据等一系列的程序中，其最初是为了页面爬取（更确切来说是网络爬取）而设计的。

Scrapy 是一套用 Python 编写的异步爬虫框架，基于 Twisted 实现，运行于 Linux、Windows、Mac OS 等多种环境，具有速度快、扩展性强、使用简便等特点。即便是新手也能迅速学会使用 Scrapy 编写需要的爬虫程序。Scrapy 可以在本地运行，也可以部署到云端，从而实现真正的生产级数据采集系统。

1.3.1　Scrapy 框架

Scrapy 框架是一套比较成熟的 Python 爬虫框架，是使用 Python 开发的快速、高层次的信息爬取框架，可以高效地爬取 Web 页面并提取出结构化数据。Scrapy 用途广泛，可以用于数据挖掘、监测和自动化测试。Scrapy吸引人的地方在于它是一个框架,任何人都可以根据需求对它进行修改。Scrapy的整体构架大致如图1-6所示。

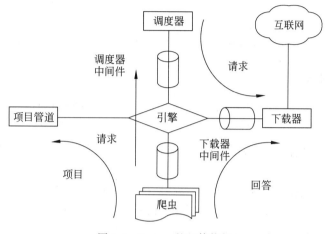

图1-6　Scrapy的整体构架

1.3.2　Scrapy的常用组件

Scrapy是一个爬虫框架,由很多组件构成,具体如下。

1. 引擎

引擎(Engine)用来处理整个系统的数据流,触发事务(框架核心),负责与各种组件交流。

2. 调度器

调度器(Scheduler)用来接收引擎发来的Request(请求),压入队列并在引擎再次请求时返回,可以将其想象成一个URL(爬取网页的网址或者说链接)的优先队列,由它决定下一个要爬取的网址是什么,同时去除重复的网址。

3. 下载器

下载器(Downloader)用于下载搜索引擎发送的所有请求,并将网页内容返回给爬虫。下载器建立在Twisted这个高效的异步模型之上。

4. 爬虫

爬虫(Spider)负责处理所有应答包(Response),从中分析和提取数据,获取Item(项目)字段需要的数据或链接,并将需要跟进的URL提交给引擎,再次进入Scheduler(调度器)。

5. 项目管道

项目管道(Item Pipeline)用来保存数据,负责处理爬虫中获取到的Item并进行处理,如去重、持久化存储(存数据库,写入文件)。

6. 下载器中间件

下载器中间件(DownloaderMiddlewares)是位于引擎和下载器之间的框架,主要用于处理引擎与下载器之间的请求及响应,类似于自定义扩展下载功能的组件。

7. 爬虫中间件

爬虫中间件(Spider Middlewares)是位于引擎和爬虫之间的框架,主要用于处理爬虫的响应输入和请求输出。

8. 调度器中间件

调度器中间件(Scheduler Middlewares)是位于引擎和调度器之间的中间件,用于处理从引擎发送到调度器的请求和响应,可以自定义扩展和操作搜索引擎与爬虫中间"通信"的功能组件(如进入爬虫的请求和从爬虫出去的请求)。

1.3.3 Scrapy 工作流

Scrapy 工作流也称运行流程或数据处理流程,整个数据处理流程由 Scrapy 引擎控制,其主要运行步骤如下。

① Scrapy 引擎(Scrapy Engine)从调度器中取出一个链接,用于接下来的爬取。
② Scrapy 引擎把 URL 封装成一个请求并传给下载器。
③ 下载器把资源下载下来,并封装成应答包。
④ 爬虫解析应答包。
⑤ 若解析出项目,则交给项目管道(Item Pipeline)进行进一步的处理。
⑥ 若解析出链接,则把 URL 交给调度器等待爬取。

1.3.4 其他 Python 框架

Scrapy 只是 Python 的一个主流框架,除了 Scrapy 外,还有其他的主流框架,下面简要介绍几种主流框架及其特点。

1. Crawley

Crawley 可高速爬取网站的内容,支持关系和非关系数据库,数据可以导出为 JavaScript(简称 JS)对象简谱(JavaScript Object Notation,JSON)、可扩展标记语言 (Extensible Markup Language,XML)等格式。

2. Portia

Portia 用来可视化爬取网页内容。

3. Newspaper

Newspaper 用来爬取新闻、文章及内容分析。

4. Python-goose

Python-goose 是用 Java 语言编写的爬取网页中文章的工具。

5. Beautiful Soup

Beautiful Soup 整合了一些常用的爬虫需求,缺点是不能加载 JS。

6. Mechanize

Mechanize 的优点是可以加载 JS,缺点是文档严重缺失。不过通过官方示例及人工尝试的方法,Mechanize 还是勉强能用的。

7. Selenium

Selenium 是一个调用浏览器的服务器库,通过该库可以直接调用浏览器完成某些操作,比如输入验证码。

8. Cola

Cola 是一个分布式爬虫框架。

1.3.5 Scrapy 的安装与配置

Scrapy 可以在 Windows 及 Linux 系统下安装。Scrapy 框架的运行平台及相关辅助工具可以通过相关网站下载和安装。本书的 Scrapy 所处的操作系统及安装信息如表 1-2 所示。

表 1-2 Scrapy 所处的操作系统及安装信息

项 目	Windows	Linux
版本	Windows 7 64 位	CentOS 7.0
Python	3.4.4	3.4.4

1.3.6 Windows 7 下的安装配置

根据表 1-2,本书安装的系统为 64 位的 Windows 7 及以上版本,Python 版本为 3.4。可从官网下载合适的 Python 版本。这里选择较为稳定的 3.4 版本,具体为 Python-3.4.4.amd64。

1. 安装 Python 3.4.4

安装过程十分简单,双击 Python-3.4.4.amd64 进行安装,除了选择路径外,一路默认,直接单击 Next(下一步)按钮即可。安装完成之后,需要变更 Python 的环境变量,设置方法如下。

① 打开 Windows 7 的"系统属性"设置，选择"高级"选项卡。

② 在弹出的对话框里选择"高级"选项，在对话框里找到并选择"环境变量"选项。

③ 找到 Path 选项，选择它进行编辑，这里输入两个路径，把 Python 下的 Scripts 路径也添加进来，两者分别用";"隔开，如图 1-7 所示。

图 1-7 Windows 7 环境变量设置

环境变量设置完成后，在 Windows 7 中调出 CMD 命令行，在命令行中输入 python，出现图 1-8 所示的界面表示安装成功；如果显示的不是内部命令，则需要检查环境变量设置环节，修改之后重启命令行再输入一遍。

图 1-8 Python 命令

2. 安装 pywin32

使用 Windows 操作系统必须安装 pywin32（可以从官网下载）。这里选择下载与

Python 3.4 相对应的 pywin32，如图 1-9 所示。

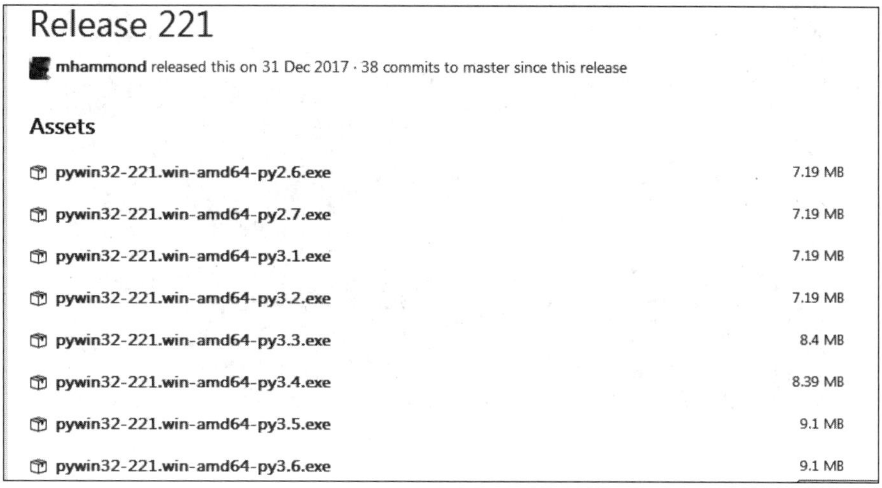

图 1-9　pywin32 的下载界面

安装过程也很简单，一路默认，安装完毕后在命令行中先输入 python，然后输入 import win32com 进行验证，如果一切正常，则将出现图 1-10 所示的界面；若出现错误，则关闭 CMD 命令行，再重新输入相关命令。

图 1-10　import win32com 验证成功

3. 安装 pip

pip 是一个安装和管理 Python 包的工具，与 easy_install 可以互相替代。输入下载网址后便出现了很多代码，将所有内容复制并保存为文本文档，并将该文档命名为 get-pip.py，保存后可以使用 CMD 命令进入该文件的路径，然后输入 python get-pip.py，成功运行后的效果如图 1-11 所示。

另外，也可以通过命令行输入版本以确认是否安装成功。在命令行中输入 pip --version，正常情况下将得到图 1-12 所示的结果。

4. 安装 pyOpenSSL

在 Windows 系统下是没有预装 pyOpenSSL 的，而在 Linux 系统下则是已经安装好

图 1-11　pip 安装成功

图 1-12　pip 版本

的。自行下载后默认安装即可。如果安装的 Python 版本是 2.7，则可以直接下载安装。本书的 Python 版本为 3.4.4，不能直接下载安装，读者可以通过 pip 进行安装，命令为 pip install pyopenssl，安装过程如图 1-13 所示。

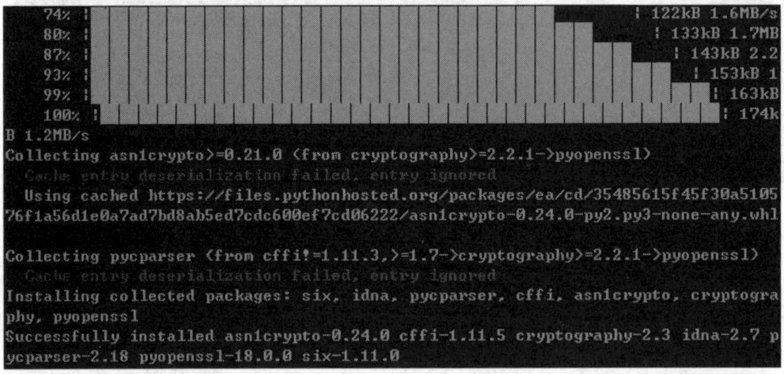

图 1-13　pyOpenSSL 安装成功

5. 安装 lxml

lxml 是一种使用 Python 编写的库，它可以迅速、灵活地处理 XML，直接执行命令 pip install lxml，安装成功后的界面如图 1-14 所示。

6. 初次安装 Scrapy 框架

在命令行下输入 pip installScrapy，如果安装失败，则将显示安装错误，如图 1-15 所

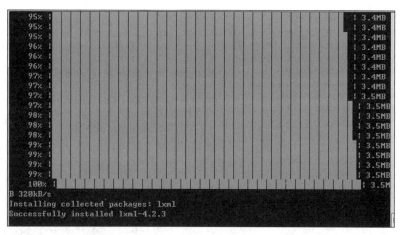

图 1-14　lxml 安装成功

示,从图中可以看出安装失败的原因是"Microsoft Visual C++ 10.0 is required（Unable to find vcvarsall.bat）"。Python 3.4.4 需要对应的 Microsoft Visual C++ 10.0 进行编译,因此需要下载并安装 Microsoft Visual C++ 2010。

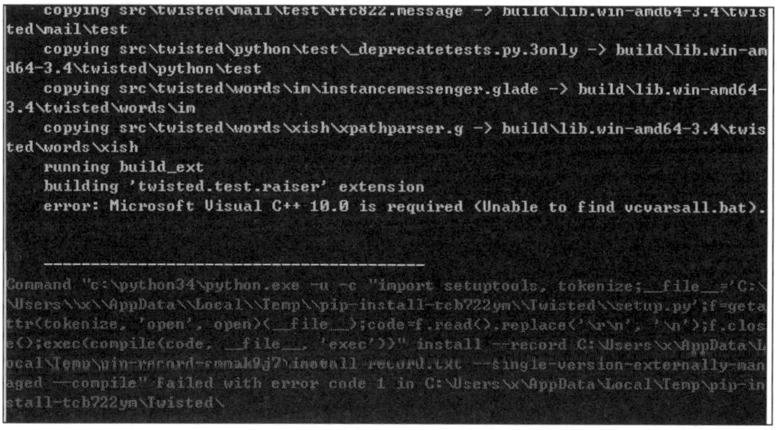

图 1-15　在 Windows 7 下安装 Scrapy 出错

7. 安装 Twisted

下载并安装 Microsoft Visual C++ 2010 后,虽然"Microsoft Visual C++ 10.0 is required"这样的出错信息不存在,但依然可能报错,主要是因为 Twisted 无法安装。由于 Python 3.4 的兼容性问题,因此采用 pip 安装会出现不可预见的错误。若出错,则可通过下载 whl 进行离线安装。找到符合 Python 的 Twisted 版本,其中,cp 后面的数字对应 Python 的版本号。本书的对应型号是 Twisted-18.7.0-cp34-cp34m-win_amd64.whl,下载后将它放到 C 盘的 python 目录。从 CMD 命令行进入该目录,使用命令 pip install Twisted-18.7.0-cp34-cp34m-win_amd64.whl 进行安装。安装成功的界面如图 1-16 所示。

```
c:\Python34>pip install Twisted-18.7.0-cp34-cp34m-win_amd64.whl
Processing c:\python34\twisted-18.7.0-cp34-cp34m-win_amd64.whl
Requirement already satisfied: PyHamcrest>=1.9.0 in c:\python34\lib\site-package
s (from Twisted==18.7.0) (1.9.0)
Requirement already satisfied: incremental>=16.10.1 in c:\python34\lib\site-pack
ages (from Twisted==18.7.0) (17.5.0)
Requirement already satisfied: zope.interface>=4.4.2 in c:\python34\lib\site-pac
kages (from Twisted==18.7.0) (4.5.0)
Requirement already satisfied: Automat>=0.3.0 in c:\python34\lib\site-packages (
from Twisted==18.7.0) (0.7.0)
Requirement already satisfied: attrs>=17.4.0 in c:\python34\lib\site-packages (f
rom Twisted==18.7.0) (18.1.0)
Requirement already satisfied: constantly>=15.1 in c:\python34\lib\site-packages
 (from Twisted==18.7.0) (15.1.0)
Requirement already satisfied: hyperlink>=17.1.1 in c:\python34\lib\site-package
s (from Twisted==18.7.0) (18.0.0)
Requirement already satisfied: setuptools in c:\python34\lib\site-packages (from
 PyHamcrest>=1.9.0->Twisted==18.7.0) (18.2)
Requirement already satisfied: six in c:\python34\lib\site-packages (from PyHamc
rest>=1.9.0->Twisted==18.7.0) (1.11.0)
Requirement already satisfied: idna>=2.5 in c:\python34\lib\site-packages (from
hyperlink>=17.1.1->Twisted==18.7.0) (2.7)
Installing collected packages: Twisted
Successfully installed Twisted-18.7.0
```

图 1-16　在 Windows 7 下离线安装 Twisted

8. 成功安装 Scrapy 框架

执行完以上操作后，在 Windows 7 下安装 Scrapy 的工作已全部完成，执行 pip install scrapy，安装成果如图 1-17 所示。

```
 (from Twisted>=13.1.0->scrapy) (15.1.0)
Requirement already satisfied: asn1crypto>=0.21.0 in c:\python34\lib\site-packag
es (from cryptography>=2.2.1->pyOpenSSL->scrapy) (0.24.0)
Requirement already satisfied: idna>=2.1 in c:\python34\lib\site-packages (from
cryptography>=2.2.1->pyOpenSSL->scrapy) (2.7)
Requirement already satisfied: cffi!=1.11.3,>=1.7 in c:\python34\lib\site-packag
es (from cryptography>=2.2.1->pyOpenSSL->scrapy) (1.11.5)
Requirement already satisfied: setuptools in c:\python34\lib\site-packages (from
 PyHamcrest>=1.9.0->Twisted>=13.1.0->scrapy) (18.2)
Requirement already satisfied: pycparser in c:\python34\lib\site-packages (from
cffi!=1.11.3,>=1.7->cryptography>=2.2.1->pyOpenSSL->scrapy) (2.18)
Installing collected packages: scrapy
Successfully installed scrapy-1.5.1

c:\Python34>
```

图 1-17　在 Windows 7 下安装 Scrapy 成功

9. Scrapy 测验

Scrapy 已经安装成功，可以通过在 CMD 命令行下输入 scrapy 确认能否正常运行。若出现图 1-18 所示的界面，则表示 Scrapy 测验成功。

1.3.7　Linux(Cent OS)下的安装配置

本书的安装环境为 Cent OS 7。在 Cent OS 7 环境下，默认已经安装了 Python 2.7，Cen OS 7 安装后会自带 Python 2.7.5。而本书的 Python 版本为最新且稳定的 Python 3.4.4，因此 Cent OS 7 需要安装 Python 3.4.4，而且这个 Python 2 不能删除，因为有很多系统命令，如 yum 等都要用到它。所以本书将保留两个版本的 Python，在 Cent OS 7 中，要想成功运行 Scrapy，还需要安装其他组件。本书的 Cent OS 操作系统须可以访问互

```
c:\Python34>scrapy
Scrapy 1.5.1 - no active project

Usage:
  scrapy <command> [options] [args]

Available commands:
  bench         Run quick benchmark test
  fetch         Fetch a URL using the Scrapy downloader
  genspider     Generate new spider using pre-defined templates
  runspider     Run a self-contained spider (without creating a project)
  settings      Get settings values
  shell         Interactive scraping console
  startproject  Create new project
  version       Print Scrapy version
  view          Open URL in browser, as seen by Scrapy

  [ more ]      More commands available when run from project directory

Use "scrapy <command> -h" to see more info about a command
```

图 1-18　Scrapy 测验

联网。

1. 源码编译前准备

源码编译前准备工作包括安装依赖包等。依赖包通过 yum 进行安装，包括以下两条命令。

```
[root@localhost local]#yum -y groupinstall "Development tools"
[root@localhost local]# yum -y install zlib-devel bzip2-devel openssl-devel
ncurses-devel sqlite-devel readline-devel tk-devel gdbm-devel db4-devel
libpcap-devel xz-devel
```

安装成功后如图 1-19 所示。

```
  openssl.x86_64 1:1.0.2k-12.el7
  openssl-libs.x86_64 1:1.0.2k-12.el7
  pcre.x86_64 0:8.32-17.el7
  readline.x86_64 0:6.2-10.el7

Complete!
[root@localhost local]#
```

图 1-19　依赖包安装成功

下载 Python 3.4.4 源码，源码使用 wget 命令，命令如下。

```
[root@localhost local]#wget https://www.python.org/ftp/python/3.4.4/Python
-3.4.4.tgz
```

下载成功后如图 1-20 所示。

```
100%[==============================================>] 19,435,166   761KB/s   in 58s

2018-07-30 23:19:54 (326 KB/s) - 'Python-3.4.4.tgz.1' saved [19435166/19435166]
```

图 1-20　Python 3.4.4 源码下载成功的界面

2. 编译安装

下载的 Python 源码的安装一般由 3 个步骤组成：解压（tar）、编译（make）、安装（make install），命令如下。

```
[root@localhost local]#tar -zxvf Python-3.4.4.tgz
[root@localhost local]#cd Python-3.4.4/
[root@localhost Python-3.4.4]#make && make install
```

完成以上三步后，若成功进行，则显示界面如图 1-21 所示。

```
Collecting setuptools
Collecting pip
Installing collected packages: setuptools, pip
Successfully installed pip-7.1.2 setuptools-18.2
[root@localhost Python-3.4.4]#
```

图 1-21　编译安装成功

3. 创建软链接

软链接类似于 Windows 系统中的快捷方式，便于快速启动，创建软链接的命令如下。

```
[root@localhost /]#ln -s /usr/local/python3/bin/python3 /usr/bin/python3
[root@localhost /]#ln -s /usr/local/python3/bin/pip3 /usr/bin/pip3
```

4. 测试 Python 3 是否安装成功

Cent OS 7 由于自身带有 Python 2.7.5 的版本，因此，本测试需要同时输入 Python 及 Python 3，以测试两个版本是否同时存在且起作用，如图 1-22 所示。

```
[root@localhost /]# python
Python 2.7.5 (default, Nov  6 2016, 00:28:07)
[GCC 4.8.5 20150623 (Red Hat 4.8.5-11)] on linux2
Type "help", "copyright", "credits" or "license" for more information.
>>> quit()
[root@localhost /]# python3
Python 3.4.4 (default, Jul 30 2018, 23:40:22)
[GCC 4.8.5 20150623 (Red Hat 4.8.5-28)] on linux
Type "help", "copyright", "credits" or "license" for more information.
>>> quit()
```

图 1-22　Python 安装测试

5. 安装 Scrapy 爬虫

安装 Scrapy 的命令如下。

```
[root@localhost /]#pip3 install scrapy
```

安装 Scrapy 时会提示出错，如图 1-23 所示，出错的原因是 pip 版本过低。版本升级即可解决问题，升级命令是 pip3 install -upgrade pip。

```
Command "python setup.py egg_info" failed with error code 1 in /tmp/pip-build-w_rcslzh/cr
yptography
You are using pip version 7.1.2, however version 18.0 is available.
You should consider upgrading via the 'pip install --upgrade pip' command.
```

图 1-23　Scrapy 安装出错

6. 在 Python 3 Shell 中验证 Scrapy

输入 Python 3、importscrapy、scrapy.version_info 可测试版本信息是否正确，如图 1-24 所示。

```
[root@localhost /]# python3
Python 3.4.4 (default, Jul 30 2018, 23:40:22)
[GCC 4.8.5 20150623 (Red Hat 4.8.5-28)] on linux
Type "help", "copyright", "credits" or "license" for more information.
>>> import scrapy
>>> scrapy.version_info
(1, 5, 1)
```

图 1-24　在 Python 3 Shell 中验证 Scrapy

7. 创建 Scrapy 软链接

创建命令如下。

```
[root@localhost /]#ln -s /usr/local/python3/bin/scrapy  /usr/bin/scrapy
```

8. 在 Shell 中验证 Scrapy

输入 scrapy 命令进行验证，验证成功则如图 1-25 所示。

```
[root@localhost /]# scrapy
Scrapy 1.5.1 - no active project

Usage:
  scrapy <command> [options] [args]

Available commands:
  bench         Run quick benchmark test
  fetch         Fetch a URL using the Scrapy downloader
  genspider     Generate new spider using pre-defined templates
  runspider     Run a self-contained spider (without creating a project)
  settings      Get settings values
  shell         Interactive scraping console
  startproject  Create new project
  version       Print Scrapy version
  view          Open URL in browser, as seen by Scrapy

  [ more ]      More commands available when run from project directory

Use "scrapy <command> -h" to see more info about a command
[root@localhost /]#
```

图 1-25　在 Shell 中验证 Scrapy

本 章 小 结

　　本章介绍了数据采集的概念、方法、技术架构及相应的应用场景等,使读者初步了解了数据采集在大数据中的基础作用,也全面分析了网络爬虫技术。最后,本章介绍了在 Windows 7 及 Cent OS 7 环境下安装 Scrapy 的方法,为后文的 Python 学习奠定了基础。

习　　题

1. 什么是数据采集?
2. 数据采集有哪些典型应用场景?
3. 数据采集的方法有哪些?
4. Scrapy 的常用组件有哪些?
5. Scrapy 工作流有哪些?
6. 除 Scrapy 框架外,还有哪些 Python 框架?
7. 分别在 Windows 7 及 Cent OS 7 系统中安装 Scrapy。

采集网页数据

学习目标：
- 了解 HTTP 的工作原理；
- 掌握三种网页数据的采集方法；
- 熟悉静态网页的数据采集过程；
- 掌握动态网页的数据采集过程。

在实际工作中难免会遇到从网页中采集数据信息的需求，如从 Microsoft 官网上采集最新发布的系统版本。很明显，这是网页数据采集的工作。所谓网页数据采集，就是需要模拟浏览器向网络服务器发送请求，以便将网络资源从网络流中读取出来并保存到本地，然后将有用的信息分离并提取出来。在做网页数据采集工作时会发现并不是所有网站都一样，比如有些网址就是一个静态页面，有些网址则需要在登录后才能获取关键信息等。Python 简单而又强大，有不少第三方库可以让用户轻松拿到浏览器中的内容。因此，本章将根据网站特性分别介绍几种使用 Python 采集网页数据的方法。

2.1 采集网页分析

采集什么类型的网站的数据最容易呢？当然是那些不需要登录等操作就可以直接用 GET 方法请求 URL 从服务器获取返回数据的网站，如在访问一些博客文章时，一个 GET 请求就可以得到博客文章里的全部内容。

无论是通过浏览器打开网站、访问网页还是通过脚本对 URL 网址进行访问，本质上都是对 HTTP 服务器发出请求，浏览器上呈现的、控制台显示的都是 HTTP 服务器对请求的响应。

2.1.1 HTTP 概述

以打开某网站为例，在地址栏中输入相应网址，浏览器会呈现出图 2-1 所示的页面。

按 F12 键打开网页调试工具，选择"网络"选项，即可看到对某网站的请求以及某网站返回的响应，如图 2-2 所示。

2.1.2 HTTP 消息

通常，超文本传输协议（Hyper Text Transfer Protocol，HTTP）消息包括客户端向服

图 2-1 某网站的页面

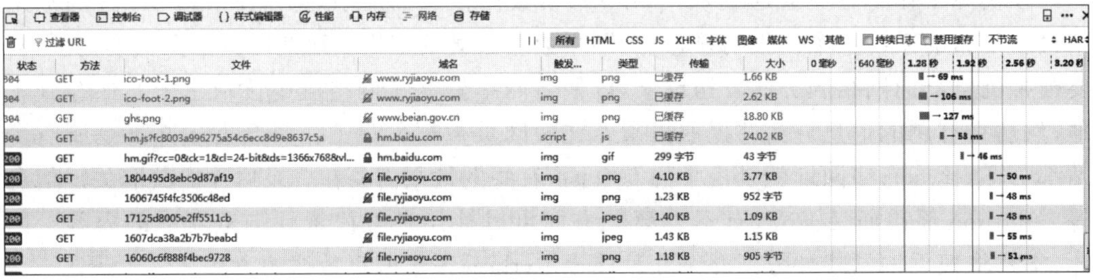

图 2-2 某网站的请求与响应

务器的请求消息和服务器向客户端的响应消息。这两种类型的消息均由起始行、头域及代表头域结束的空行和可选的消息体组成。HTTP 的头域包括通用头、请求头、响应头和实体头。每个头域由域名、冒号(:)和域值组成。域名不区分大小写,域值前可以添加任何数量的空格符,头域可以被扩展为多行,在每行的开始处使用至少一个空格或制表符。

下面对某网站的 HTTP 示例进行说明。

① Request URL:表示请求的 URL。

② Request Method:表示请求的方法,此处为 GET。除此之外,HTTP 的请求方法还有 OPTION、HEAD、POST、DELETE、PUT 等,最常用的是 GET 和 POST 方法。

POST:向指定资源提交数据,请求服务器进行处理(如提交表单或者上传文件)。数据包含在请求文本中。这个请求可能会创建新的资源或修改现有资源,或二者皆有。

GET:向指定的资源发出"显示"请求。

③ Status Code:显示 HTTP 请求和状态码,表示 HTTP 请求的状态,此处为 200,表示请求已被服务器接收、理解和处理;状态码的第一个数字代表当前响应的类型。HTTP 有以下几种响应类型。

- 消息：请求已被服务器接收，继续处理。
- 成功：请求已成功被服务器接收、理解并接收。
- 重定向：需要后续操作才能完成这一请求。
- 请求错误：请求含有词法错误或者无法执行。
- 服务器错误：服务器在处理某个正确请求时发生错误。

HTTP 请求头包括以下内容。

- Accept：表示请求的资源类型。
- Cookie：为了辨别用户身份及进行 session 跟踪而存储在用户本地终端上的数据。
- User-Agent：表示浏览器标识。
- Accept-Language：表示浏览器支持的语言类型。
- Accept-Charset：告诉 Web 服务器浏览器可以接收哪些字符编码。
- Accept：表示浏览器支持的多用途互联网邮件扩展（Multipurpose Internet Mail Extensions，MIME）类型。
- Accept-Encoding：表示浏览器有能力解码的编码类型。
- Connection：表示客户端与服务器的连接类型。

基本的 HTTP 介绍到此就结束了，如果想更加详细地学习 HTTP 的知识，推荐读者阅读 HTTP 入门书籍《图解 HTTP》。下面用 Python 实现一个简单的 HTTP 请求。

2.2 用 Python 实现 HTTP 请求

在网络数据采集业务中，读取 URL 和下载网页是数据采集必备且关键的功能，这就需要和 HTTP 请求打交道。接下来讲解在 Python 中实现 HTTP 请求的三种方式：urllib3/urllib、httplib/urllib 和 Requests。

2.2.1 urllib3/urllib 的实现

urllib3 和 urllib 是 Python 中的两个内置模块。在实现 HTTP 功能时，以 urllib3 为主，urllib 为辅。

首先实现一个完整的请求与响应模型。urllib3 提供一个基础函数 urlopen，通过向 URL 发出请求获取数据，最简单的形式示例如下。

```
#--coding:utf-8--
#最简单的形式
import urllib3
http=urllib3.PoolManage()
r=http.request('GET','http://www.tup.tsinghua.edu.cn')
print(r)
```

其实可以将以上对网站的请求响应分为两步，第一步是请求，第二步是响应，示例如下。

```
#--coding:utf-8--
import urllib3
#请求
request=urllib3.Request('http://www.tup.tsinghua.edu.cn')
#响应
response = urllib3.urlopen(request)
html=response.read()
print html
```

上面这两种形式都是 GET 请求,接下来说明 POST 请求,其实两者大同小异,只是增加了请求数据,这时候需要用到 urllib3,示例如下。

```
#-*-coding:utf-8-*-
import urllib3
url = "http://www.tup.tsinghua.edu.cn/login"
fields = {
    'username' : 'qiye',
    'password' : 'qiye_pass'
}
http = urllib3.PoolManager()
r = http.request('post',url+"/post",fields=fields)
print(r.data)
```

但是有时候会出现这种情况:即便是 POST 请求的数据是对的,但服务器仍然拒绝访问。这是为什么呢?问题就出在请求的头信息中,服务器会检验请求头,从而判断是否是来自于浏览器的访问,这也是常用的反爬手段。

接下来是对请求头 Headers 进行处理,将上面的例子改写一下,加上请求头的信息,设置请求头中的 User-Agent 域和 Referer 域信息,示例如下。

```
#--coding:utf-8--
#请求头 Headers 处理:设置请求头中的 User-Agent 域和 Referer 域信息
import urllib3
url = "http://www.tup.tsinghua.edu.cn/login"
fields = {
    'username' : 'qiye',
    'password' : 'qiye_pass'
}
headers = {
    'User-Agent':'Mozilla/5.0 (WindowsNT10.0; Win64; x64) AppleWebKit/537.36 (KHTML, likeGecko) Chrome/60.0.3112.113 Safari/537.36'
}
http = urllib3.PoolManager()
```

```
r = http.request('post',url+"/post",fields=fields,headers=headers)
print(r.data)
```

2.2.2 httplib/urllib 的实现

httplib 模块是一个底层基础模块,它可以看到建立 HTTP 请求的每一步,但是实现的功能比较少,正常情况下比较少用。Python 网络数据采集中基本用不到此模块,所以对此知识只进行简单的介绍。下面说明 GET 请求和 POST 请求的发送,首先是 GET 请求,示例如下。

```
#-*-coding:utf-8-*-
#httplib/urllib 实现:GET 请求
import httplib2
urlstr = 'http://www.tup.tsinghua.edu.cn/signup?next=%2F'
h = httplib2.http()
response, content = h.request(urlstr)
print(content.decode('utf-8'))
```

httplib/urllib 实现 POST 请求的示例如下。

```
#httplib/urllib 实现:POST 请求
import httplib2
from urllib.parse import urlencode
word = '中国'
urlstr = 'http://www.tup.tsinghua.edu.cn'
data = {'name': 'qiye', 'age': 22}
h = httplib2.Http('.cache')
response, content = h.request(urlstr, 'POST', urlencode(data),
headers={"Content-type": "application/x-www-form-urlencoded"
                        , "Accept": "text/plain"})
print(content.decode('utf-8'))
```

2.2.3 第三方库 Requests 方式

Requests 是用 Python 语言基于 urllib 编写的,采用的是 Apache2 Licensed 开源协议的 HTTP 库。Requests 会比 urllib 更加方便,可以减少大量的工作。Requests 是 Python 的第三方库,可以发送网络请求数据并获取服务器返回的源码。使用 Requests 库获取 HTML(Hype Text Markup Languge,超文本标记语言)文件,然后利用正则表达式等字符串解析手段或者 Beautiful Soup 库(第三方库)完成信息提取。Requests 需要进行安装,Requests 的安装方式一般有两种。

- 使用 pip 安装,安装命令为 pip install requests。不过可能不是最新版的。
- 直接到 Github 上下载 Requests 的源代码,将源代码压缩包解压缩,然后进入解压缩的文件夹运行 setup.py 文件即可。

以 GET 请求作为示例，相关代码如下。

```
#-*-coding:utf-8-*-
#实现一个完整的请求与响应模型:GET
import requests
r = requests.get('http://www.tup.tsinghua.edu.cn')
print(r.content)
```

通过运行上述例子可以看到，Requests 比 urllib2 实现方式的代码量还要少。接下来说明 POST 请求，它同样非常简短，更加具有 Python 风格，示例如下。

```
#实现一个完整的请求与响应模型:POST
import requests
postdata={'key':'value'}
r = requests.post('http://www.tup.tsinghua.edu.cn/login',data=postdata)
print(r.content)
```

接下来学习稍微复杂的例子。在日常生活中可能会经常看到类似这样的 URL：http://zzk.cnblogs.com/s/blogpost?Keywords=blog:qiyeboy&pageindex=1，就是在网址后面紧跟着"?"，"?"后面还有参数。那么这样的 GET 请求该如何发送呢？通过直接完整的 URL 代入即可，不过 Requests 还提供了其他方式，示例如下。

```
import requests
payload = {'Keywords': 'blog:qiyeboy','pageindex':1}
r = requests.get('http://www.tup.tsinghua.edu.cn/s/blogpost', params = payload)
print(r.url)
```

通过打印结果可以看到最终的 URL 变成了如下地址。

```
http://zzk.cnblogs.com/s/blogpost?Keywords=blog:qiyeboy&pageindex=1
```

下面是一个完整的 HTTP 请求的 Python 实现过程。这里继续用某网站作为示例。打开代码编辑器，输入以下代码。

```
coding:utf-8-*-
import requests
url="http://www.tup.tsinghua.edu.cn/"
data=requests.get(url)
```

这样就完成了一个简单的对某网站的 HTTP 请求。若想查看这个请求的状态码，则可输入如下代码。

```
print(data.stars.code)
```

结果返回的是 200。若想查看响应的主体消息,则可输入如下代码。

```
print(data.Content)
```

结果返回了一大串编码了的 HTML 源码。这些 HTML 源码未经解码和解析,看上去很乱,具体结果如图 2-3 所示。

对这些凌乱的 HTML 源码进行处理,就需要用到 Beautiful Soup 模块了。对于浏览器解析而言,缺失空白符和格式并无大碍,但会造成阅读困难。要想更好地理解该表格,可以使用 Firebug Lite 扩展,该扩展适用于所有浏览器。如果愿意,Firefox 用户可以安装完整版的 Firebug 扩展,不过 Firebug Lite 版本已经包含了本章和第 3 章中所用到的功能。

```
b'\r\n<!DOCTYPE html>\r\n<html lang="zh-CN">\r\n<head>\r\n    <meta
charset="utf-8">\r\n    <title>\xe9\xa6\x96\xe9\xa1\xb5-\xe4\xba\xba\xe9
\x82\xae\xe6\x95\x99\xe8\x82\xb2\xe7\xa4\xbe\xe5\x8c\xba</title>\r\n
<meta http-equiv="X-UA-Compatible" content="IE=edge,chrome=1">\r\n
<meta name="viewport" content="width=device-width,initial-scale=1.0,
minimum-scale=1.0, maximum-scale=1.0, user-scalable=no" />\r\n    <meta
name="apple-mobile-web-app-capable" content="yes" />\r\n    <meta
name="format-detection" content="telephone=no" />\r\n    <link
rel="shortcut icon" href="/staticptp/img/favicon.png">\r\n\r\n    <link
href="/simditor/css?v=TFtOVe6k53lmYvYXprBxLZapuFtSm_KFxRcLW5XqPtQ1"
rel="stylesheet"/>\r\n\r\n    <link
href="/markdown-editor/css?v=HB-xmQrGLrhZS4Oxz3Iu2FdyEPbVwxEEvEsyCjarPos1"
 rel="stylesheet"/>\r\n\r\n    <link
href="/kendo/css?v=W-IyudFsjvr8DmczNaEtVDAWVVWkoAYhOkQl_7kkbqc1"
rel="stylesheet"/>\r\n\r\n    <link
href="/educom/css?v=namfTBCMql5B5xwVnqSzqSWa6WerZxW9_rJI1DHghHA1"
rel="stylesheet"/>\r\n\r\n\r\n    <script
src="/educom/js?v=AKErNc7vpSGK8ENl53I306GZ7uunthcUz10PJH4o8Wo1"></script>
\r\n\r\n    <script
```

图 2-3　返回结果

Firebug Lite 安装完成后,可以右击爬取感兴趣的网页部分,然后在弹出的快捷菜单中选择 Inspect with Firebug Lite 选项。此时,浏览器会打开 Firebug 面板,并显示选中元素周围的 HTML 层次结构。

2.3　静态网页采集

在网站设计中,纯粹的 HTML 格式的网页通常称为静态网页。早期网站中的页面一般都是静态网页。对于网络数据采集,静态网页的数据是比较容易获取的,因为所有数据都呈现在网页的 HTML 代码中。相对来说,使用异步 JavaScript 和 XML(Asynchronous Javascript And XML,AJAX)动态加载网页的数据不一定会出现在

HTML代码中,这就给网络数据的采集增加了难度。

2.3.1 寻找数据特征

接下来,以采集腾讯新闻数据为例介绍使用Requests库对HTML进行爬取和解析处理的过程。

打开腾讯新闻主页后可以看到网页的具体页面,如图2-4所示。

图2-4 网页截图

本例需要采集这个页面中每条新闻的标题。右击一条新闻的标题,选择"审查元素"选项,出现图2-5所示的窗口。

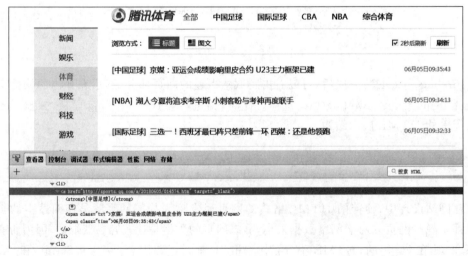

图2-5 查看标签

图 2-5 中框选的位置就是此条新闻标题在 HTML 中的结构、位置和表现形式,示例如下。

```
<a href="http://sports.qq.com/a/20180605/014574.htm" target="_blank">
        <strong>[中国足球]</strong>
        <span class="txt">京媒:亚运会成绩影响里皮合约 U23 主力框架已建</span>
        <span class="time">06月 05 日 09:35:43</span>
    </a>
```

其上一级元素为＜em class＝"f14l24"＞,再上一级元素为＜div class＝"text"＞。再看另一条新闻的标题,会发现它的结构和之前分析的新闻标题的结构是一样的,示例如下。

```
<div class="text">
<em class="f14 l24">
<a href="http://sports.qq.com/a/20180605/014574.htm" target="_blank">
        <strong>[NBA]</strong>
        <span class="txt">湖人今夏将追求考辛斯 小刺客盼与考神再度联手</span>
        <span class="time">06月 05 日 09:35:43</span>
    </a>
</em>
</div>
```

通过这些信息就可以确定新闻标题在 HTML 文档中的位置。

2.3.2 获取响应内容

接下来,开始使用 Python 对腾讯新闻标题进行采集。Requests 库中最常用的功能是获取某个网页的内容。下面通过 Requests 库获取某网站的主页内容。

```
import requests
r = requests.get(url='http://news.qq.com')              #最基本的 GET 请求
print(r.status_code)                                     #获取返回状态
r = requests.get(url='http://news.qq.com/s', params={'wd':'python'})
                                                         #带参数的 GET 请求
print(r.url)
print(r.text)                                            #打印解码后的返回数据
```

其他方法都是统一的接口样式,具体如下。

```
requests.get("https://news.qq.com/timeline.json")       #GET 请求
requests.post("http://news.qq.com/post")                #POST 请求
requests.put("http://news.qq.com/put")                  #PUT 请求
```

```
requests.delete("http://news.qq.com/delete")          #DELETE 请求
requests.head("http://news.qq.com/get")               #HEAD 请求
requests.options("http://news.qq.com/get")            #OPTIONS 请求
```

以上的 HTTP 方法对于 Web 系统一般只支持 GET 和 POST 方法,还有一些支持 HEAD 方法。

2.3.3 定制 Requests

前文通过 Requests 方式获取网页数据,但是有些网页需要先对 Requests 的参数进行设置才能获取需要的数据,包括传递 URL 参数、定制请求头、发送 POST 请求和设置超时时间。

1. 传递 URL 参数

为了请求特定的数据,需要在 URL 的查询字符串中加入某些数据。如果是自己构建的 URL,那么加入的数据一般会跟在一个问号的后面,并以键/值的形式放在 URL 中,如 http://test.org/ get? Key1=value1。在 Requests 库中可以直接将上述参数保存在字典中,用 params 构建至 URL 中,例如传递 key=value1 和 key2=value2 到上述网址 http://test.org/get,可以做如下编写。

```
import requests
key_dic = {'key1':'value1':'key2''value2'}
r = requests.get(url='http://news.qq.com/get',params=key_dic)
print("URL 已经被正确编码为:",r.url)
print("字符串方式的相应体:\n",r.text)
```

运行上述代码,得到的结果如下。

```
URL 已经被正确编码为:http://news.qq.com/get? Key1=value1&&Key2=value2
字符串方式的响应体:
{
"args":
"key1": "value1", ,
"key2": "value2,
 },
"headers": {
"Accept": "*/*",
"Accept-Encoding": "gzip, deflate",
 "Connectio: "close",
"Host": "httpbin.org",
  "User-Agent": "python-requests/2.12.4, "
 },
```

```
"origi: "116.49.102.8",
"url": "http://news.qq.com/get?key1=value1&key2=value2"
}
```

2. 定制请求头

请求头（Headers）提供了关于请求、响应或其他发送实体的信息。对于网络数据采集，请求头非常重要。如果没有指定请求头或请求头和实际网页不一致，就无法返回正确的结果。

Requests 库并不会基于定制请求头（Headers）的具体情况改变自己的行为，只会在最后的请求中将所有请求头信息都传递进去。

那么如何才能正确地找到 Headers 呢？可以使用之前的方法。打开浏览器，右击网页的任意位置，在弹出的快捷菜单中选择"检查"选项，在随后打开的页面中选择 Network 选项。在左侧的资源中找到需要请求的网页，单击需要请求的网页，在 Headers 中可以看到 Requests 库中的 Headers 的详细信息，如图 2-6 所示。

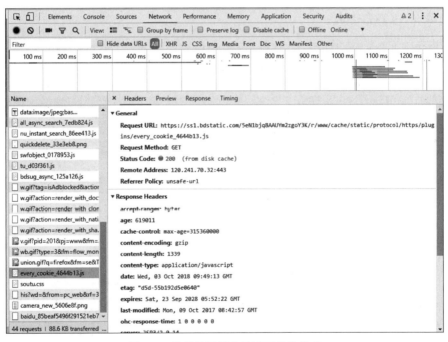

图 2-6　找到需要请求的网页的头信息

在上述结果中可以看到以下信息。

第 1 行：状态行，请求方法。

Host：指定请求的服务器域名和端口号。

Proxy-Connection：代理服务器连接。

User-Agent：请求的用户信息。

Accept：客户端能接收的内容类型。
Referer：当前请求网址，即来路。
Accept-Encoding：浏览器支持接收的内容的压缩编码方式。
Accept-Language：浏览器可接收的语言。
Cookie：HTTP 请求发送时会将保存在该请求域名下的 Cookie 值发送给服务器。
提取请求头中的重要部分，可以将代码做如下修改。

```
import requests
#设置 User-Agent 浏览器信息
headers = {
    "User-Agent": "Mozilla/5.0 (Windows NT 6.1; WOW64) AppleWebKit/537.36 (KHTML, like Gecko) Chrome/57.0.2987.133 Safari/537.36"
}
response = requests.get("https://new.qq.com/explore",headers=headers)
print(response.text)
```

3. 发送 POST 请求

若发送一些编码为表单形式的数据（非常像一个 HTML 表单），则只须简单地给 data 参数传递一个字典。数据字典在发出请求时会自动编码为表单形式，代码如下。

```
import requests
url = 'https://new.qq.com/some/endpoint'
payload = {'key1': 'value1', 'key2': 'value2'}
r = requests.post("new.qq.com/post", data=payload)
print(r.text)
```

4. 设置超时时间

有时网络数据采集会遇到服务器长时间不返回结果的情况，这个时候，网络数据采集程序会一直运行以等待进程，造成网络数据采集程序不能很好地顺利执行。因此，可以为 Requests 的 timeout 参数设定等待秒数，如果服务器在指定时间内没有应答，就返回异常，代码如下。

```
import requests
from requests.exceptions import ReadTimeout,ConnectTimeout
try:
    response = requests.get("http://www.baidu.com", timeout=0.01)
    print(response.status_code)
except ReadTimeout or ConnectTimeout:
    print('Timeout')
```

2.3.4 代码解析

下面是完整的代码,示例如下。

```
#-*-coding:utf-8-*-
#引入相关模块
import requests
from bs4 import Beautiful Soup
url="http://news.qq.com/"
#请求腾讯新闻的URL,获取其text(文本)
wbdata=requests.get(url).text
#对获取的文本进行解析
soup=Beautiful Soup(wbdata,'lxml')
#从解析文件中通过select(选择器)定位指定的元素,返回一个列表
news_titles=soup.select("div.text>em.f14>a.linkto")
#对返回的列表进行遍历
for n in news_titles:
#提取标题和链接信息
title=n.get_text()
link=n.get("href")
data={
'标题':title,
'链接':link
}
print(data)
```

运行程序,获取的部分结果如下所示。

```
C:\Python34\Python.exe H:/Python/scrap/scrap_tech_book/scrap_tennetNews.py
{'标题':'京媒:亚运会成绩影响里皮合约 U23主力框架已建','地址':'http://sports.qq.com/a/20180605/014574.htm'}
{'标题':'湖人今夏将追求考辛斯 小刺客盼与考神再度联手','地址':'http://sports.qq.com/a/20180605/014441.htm'}
{'标题':'三选一!西班牙最已阵只差前锋一环 西媒:还是他领跑','地址':'http://sports.qq.com/a/20180605/014316.htm'}
{'标题':'女排战巴西不能只靠朱婷强攻 盯防强力接应成关键','地址':'http://sports.qq.com/a/20180605/014202.htm'}
{'标题':'ESPN:大谷将入选MLB全明星 他前途不可限量','地址':'http://sports.qq.com/a/20180605/014089.htm'}
{'标题':'解锁900胜+一盘不失进8强 纳达尔的挑战在下一轮?','地址':'http://sports.qq.com/a/20180605/014248.htm'}
{'标题':'快船内线高塔参演《疾速追杀3》和里维斯现场飙戏','地址':'http://sports.qq.com/a/20180605/014067.htm'}
```

```
{'标题':'嫌楼上邻居吵,这家人买"震楼神器"反击','地址':'http://news.qq.com/a/
20170104/001582.htm'}
{'标题':'德国公布世界杯名单 C 罗正式归队','地址':'http://sports.qq.com/a/
20180605/014064.htm'}
{'标题':'英超第 1 天才不是世界杯门票 萨内落选 1 年前埋下祸根','地址':'http://
sports.qq.com/a/20180605/013723.htm'}
{'标题':'官方认证重量级球员!凯恩体重成世界杯第二 FIFA 官网闹乌龙?','地址':'
http://sports.qq.com/a/ 20180605/013672.htm'}
{'标题':'在詹皇身边打球压力大? 胡德承认已失去信心','地址':'http://sports.qq.
com/a/20180605/013532.htm'}
{'标题':'世联赛江门站中国女排 14 人名单:奥运主力领衔','地址':'http://sports.qq.
com/a/20180605/012691.htm'}
```

这正是我们需要的信息。代码很简单,下面逐行讲解代码,以方便初学者学习。

```
#-*-coding:utf-8-*-
```

首先,定义文件的编码形式为 UTF-8,以避免因编码错误而导致中文乱码。

```
import requests
from bs4 import Beautiful Soup
```

然后,引入相关模块,Requests 用于 HTTP 请求,Beautiful Soup 用于解析 HTML 响应。

```
url="http://news.qq.com/"
```

设置一个变量 url,值为腾讯新闻的网址。

```
wbdata=requests.get(url).text
```

使用 requests.get()方法对 URL 发起 GET 方式的 HTTP 请求,并使用 text()方法获取响应的文本内容,最后将其赋值给变量 wbdata。

```
soup=Beautiful Soup(wbdata,'lxml')
```

使用 Beautiful Soup 对响应文本 wbdata 进行解析处理。这里使用的是 lxml 库,如果没有安装,则可以使用 Python 自带的 html.parser,效果也是一样的。

```
news_titles=soup.select("div.text>em.f14>a.linkto")
```

在解析后的文本中,使用 select(选择器)在文本中选择指定元素,通常还会使用 find()和 findall()方法进行元素选择。这一步返回的是一个列表,列表内的元素是匹配的元素的 HTML 源码,示例如下。

```
for n in news_titles:
#提取出标题和链接信息
title=n.get_text()
link=n.get("href")
data={'标题':title,'链接':link}
print(data)
```

对结果列表进行遍历,再从遍历的元素中提取出数据,get("href")表示获取属性名为href的属性值,get_text()表示获取标签的文本信息。这样,一个简单的腾讯新闻的数据采集就完成了,如果想深入学习Requests模块和Beautiful Soup模块,则可以查看官方文档。

2.4 动态网页采集

动态网页是相对于静态网页而言的,它是由程序自动生成的页面,这样的好处是可以快速、统一地更改网页风格,也可以减少网页所占的服务器空间,但这给动态网页数据的采集带来了一些麻烦。由于开发语言不断增多,动态网页的类型也越来越多,如ASP、JSP、PHP等。这些类型的网页对于网络爬虫来说可能还稍微容易一些。网络爬虫比较难以处理的是一些使用脚本语言(如VBScript和JavaScript)生成的网页。如果要处理好这些网页,网络爬虫就需要有自己的脚本解释程序。对于将许多数据存放在数据库的网站,需要通过该网站的数据库进行搜索才能获得信息,这给网络爬虫的爬取带来很大的困难。对于这类网站,如果网站设计者希望这些数据能被搜索引擎收录,则需要提供一种可以遍历数据库全部内容的方法。

之前采集的网页多是HTML静态生成的内容,从HTML源码中就能直接找到和看到数据和内容,然而并不是所有网页都是这样的。有一些网站的内容是由前端的JavaScript(JS)动态生成的,由于呈现在网页上的内容是由JS生成的,因此能够在浏览器上看到,但在HTML源码中却看不到。比如,今日头条在浏览器中呈现的网页如图2-7所示。

图2-7 动态网站案例

查看源码,如图2-8所示。

从图2-8可以看出,网页新闻在HTML源码中一条都找不到,全是由JS动态生成加载的。遇到这种情况,应该如何对网页进行采集呢?有以下两种方法。

① 从网页响应中找到JS脚本返回的JS对象简谱(JavaScript Object Notation,

```
<html>
  <head>…</head>
  <body>
    <iframe src="https://phs.tanx.com/acbeacon4.html#mm_32479643_3494618_81668314" style="width: 0px; height: 0px; display: none;">…</iframe>
    <div>…</div>
    <script>…</script>
    <script>…</script>
    <script>var imgUrl = '/c/ox6uvyc170rfyfvowd6krrt38hc1jrgh6pteedne25rpvd988mieus68/';</script>
    <script>…</script>
    <script type="text/javascript" crossorigin="anonymous" src="//s3.pstatp.com/toutiao/static/js/vendor.8798a62….js"></script>
    <script type="text/javascript" crossorigin="anonymous" src="//s3b.pstatp.com/toutiao/static/js/page/index_node/index.2c1dc95….js"></script>
    <script type="text/javascript" crossorigin="anonymous" src="//s3.pstatp.com/toutiao/static/js/ttstatistics.d5df142….js"></script>
    <script src="//s3.pstatp.com/inapp/lib/raven.js" crossorigin="anonymous"></script>
    <script>…</script>
    <script async src="https://s3.pstatp.com/pgc/tech/collect/collect-v.3.2.14.js"></script>
    <script>…</script>
    <script>…</script>
    <script src="//s3a.pstatp.com/toutiao/picc_mig/dist/img.min.js?ver=20180412_01" crossorigin="anonymous"></script>
  </body>
</html>
```

图 2-8　动态网站源码

JSON）数据。

② 使用 Selenium 对网页进行模拟访问。

在此只介绍第一种方法，关于 Selenium 的使用，有兴趣的读者可以查阅相关资料。

2.4.1　找到 JavaScript 请求的数据接口

打开浏览器页面，按 F12 键打开网页调试工具，如图 2-9 所示。

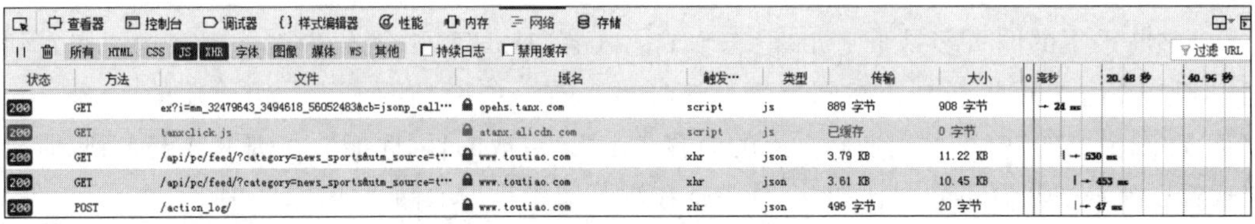

图 2-9　打开网页调试工具

选择"网络"选项卡后，发现有很多响应，筛选一下，只看 XHR 响应（XHR 是 AJAX 中的概念，表示 XMLHTTPRequest），会发现少了很多链接，任意点开一个查看：选择 city 对象，预览中有一串 JSON 数据，如图 2-10 所示。

点开数据查看，可以得到各个城市列表的数据信息，如图 2-11 所示。

原来这全都是城市的列表，应该是加载地区新闻使用的。现在你应该大概了解了如何寻找 JavaScript 请求的接口了吧。

但是刚才我们并没有发现想要的新闻，定位到 focus 目标，单击后会看到相应数据，如图 2-12 所示。

与首页的图片新闻呈现的数据是一样的，因此数据应该就在这里面了。查看其他链接，如图 2-13 所示。

再查看下一个链接，如图 2-14 所示。

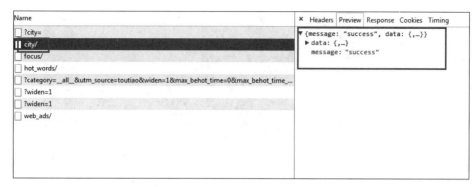

图 2-10 获取 JSON 数据

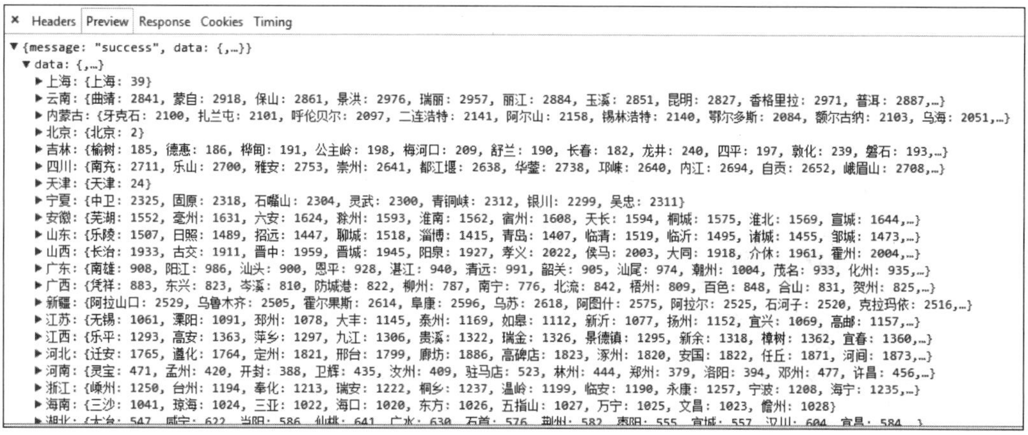

图 2-11 城市列表运行结果

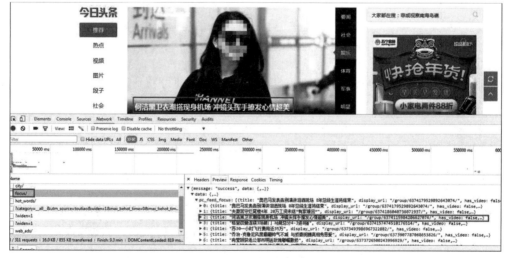

图 2-12 focus 获取的数据结果

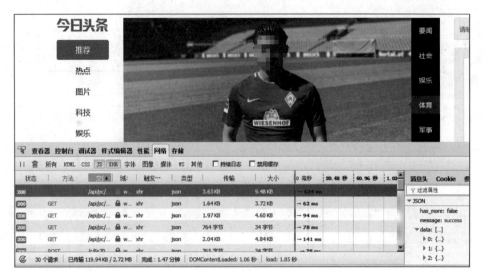

图 2-13 链接结果

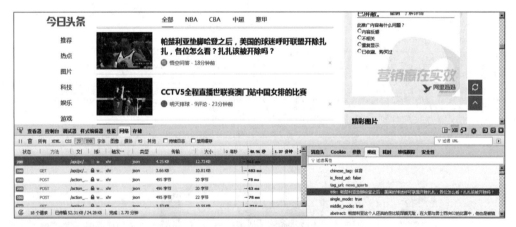

图 2-14 热搜关键词链接

这就是图片新闻下面的新闻了。打开一个接口链接即可看到其中的编码数据信息，如图 2-15 所示。

{"message": "success", "data": {"pc_feed_focus": [{"title": "\u5947\u8ff9\uff01\u53e4\u5df4\u5760\u673a\u4e8b\u6545\u4e09\u4eba\u751f\u8fd8\uff01\u6551\u63f4\u73b0\u573a\u66dd\u5149", "display_url": "/group/6557082852108796420/", "has_video": false, "image_url": "//p1.pstatp.com/origin/85f8000509369f7e50c9", "has_image": true, "group_id": 6557082852108796420, "media_url": "http://toutiao.com/m3244931401"}, {"title": "\u201c\u4e25\u4e66\u8bb0\u5973\u513f\u201d\u4e8b\u4ef6\u5168\u8fc7\u7a0b\u56de\u987e\uff1a5\u67088\u65e5\u540e\u4e25\u6625\u98ce\u518d\u65e0\u4eae\u76f8", "display_url": "/group/6556894839315628558/", "has_video": false, "image_url": "//p1.pstatp.com/origin/83500013f1ddbf14a33a", "has_image": false, "group_id": 6556894839315628558, "media_url": "http://toutiao.com/m51045089537"}, {"title": "\u54c8\u91cc\u738b\u5b50\u5927\u5a5a\u5c06\u8fd1 \u6e29\u838e\u57ce\u5821\u5916\u4e3e\u884c\u5e26\u5986\u5f69\u6392", "display_url": "/group/6556694884143596035/", "has_video": false, "image_url": "//p3.pstatp.com/origin/8350001004536ae07252", "has_image": true, "group_id": 6556694884143596035, "media_url": "http://toutiao.com/m3244931401"}, {"title": "\u5f20\u7389\u5b81\u6234\u5e3d\u52a9\u4e0d\u83b1\u68859-3\u72c2\u80dc \u7559\u6d0b\u524d\u666f\u8fce\u8f6c\u673a\uff1f", "display_url": "/group/6556700397971440132/", "has_video": false, "image_url": "//p3.pstatp.com/origin/85f8000124472c6112d1", "has_image": false, "group_id": 6556700397971440132, "media_url": "http://toutiao.com/m5836885863"}, {"title": "\u7f8e\u5a92\uff1a\u4e2d\u56fd\u7a7a\u519b\u82cf-35\u53ef\u6302\u8d85\u8fdc\u7a0b\u5bfc\u5f39 \u5c06\u6210\u7f8e\u9884\u8b66\u673a\u514b\u661f", "display_url": "/group/6556213683662357006/", "has_video": false, "image_url": "//p3.pstatp.com/origin/834f00100fab798d41b6", "has_image": false, "group_id": 6556213683662357006, "media_url": "http://toutiao.com/m3432307046"}, {"title": "\u5f20\u9753\u9896\u66dd\u65b0\u604b\u60c5\u540e\u9996\u73b0\u8eab\u8170\u8eab\u663e\u81c3\u80bf \u7d20\u989c\u906e\u58a8\u955c\u96be \u63a9\u6194\u60b4\u5bb9\u989c", "display_url": "/group/6556692824820023811/", "has_video": false, "image_url": "//p1.pstatp.com/origin/834e00115e047cbcf779", "has_image": true, "group_id": 6556692824820023811, "media_url": "http://toutiao.com/m50005666042"}, {"title": "\u6797\u5fc3\u5982\u8d74\u8d5e\u6bd4\u4e9a\u63a2\u8bbf\u88ab\u8d44\u52a9\u513f\u7ae5\uff1a\u8981\u7ed9\u5979\u4e2a \u5927\u5927\u7684\u62e5\u62b1", "display_url": "/group/6556339761647190535/", "has_video": false, "image_url": "//p3.pstatp.com/origin/834e000c03b6778ff569", "has_image": false, "group_id": 6556339761647190535, "media_url": "http://toutiao.com/m50502346173"}, {"title": "\u963f\u5a07\u51fa\u56fd\u201c\u5a5a\u6212\u6d88\u5931\u201d\u88ab\u50ac\u5a5a\u4eb2\u53e3\u56de\u5e94\u5a5a\u793c \u8fdb\u5ea6", "display_url": "/group/6555896369477845507/", "has_video": false, "image_url": "//p3.pstatp.com/origin/834d0015ee07e33e12bd", "has_image": false, "group_id": 6555896369477845507, "media_url": "http://toutiao.com/m4618432982"}, {"title": "\u595a\u68a6\u7476\u54c8\u8fea\u5fb7\u5927\u5c3a\u5ea6\u9732\u7f8e\u80cc\u7ea2\u6bef\u4e89\u8273\uff0c\u66ae\u5149\u5973\u8131\u978b\u8d70\u7ea2\u6bef \u6beb\u65e0\u62d8\u675f", "display_url": "/group/6555576766306451976/", "has_video": false, "image_url": "//p3.pstatp.com/origin/834d0011fa7c3cba6fa9", "has_image": true, "group_id": 6555576766306451976, "media_url": "http://toutiao.com/m50005666042"}, {"title": "2018\u4e50\u900f\u62bd\u7b7e\u7ed3\u679c\uff1a\u592a\u9633\u72b6\u5143\u7b7e \u56fd\u738b\u9006\u88ad\u83b7\u699c\u773c \u8001\u9e70\u63a2\u82b1", "display_url": "/group/6555969147077919236/", "has_video": false, "image_url": "//p3.pstatp.com/origin/834e0007aa80c5177aa3", "has_image": false, "group_id": 6555969147077919236, "media_url": "http://toutiao.com/m5724272598"}]}}

图 2-15 得到的编码数据信息

返回了一串"乱码",但从响应中查看到的是正常的编码数据,如图 2-16 所示。

图 2-16　编码数据结果

有了对应的数据接口,就可以仿照之前的方法对数据接口进行请求和获取响应了。

2.4.2　请求和解析数据接口数据

请求和解析数据接口数据的完整代码如下。

```
#-*-coding:utf-8-*-
import requests
import json
url="http://www.toutiao.com/api/pc/focus/"
wbdata=requests.get(url).text
data=json.loads(wbdata)
news=data['data']['pc_feed_focus']
for n in news:
    title=n['title']
    img_url=n['image_url']
    url=n['media_url']
    print(url,title,img_url)
```

下面稍微讲解一下代码,代码分为四部分:第一部分是引入相关的库,具体如下。

```
#-*-coding:utf-8-*-
import requests
import json
```

第二部分是对数据接口进行 HTTP 请求,具体如下。

```
url="http://www.toutiao.com/api/pc/focus/"
wbdata=requests.get(url).text
```

第三部分是将 HTTP 响应的数据 JSON 化,并索引到新闻数据的位置,具体如下。

```
data=json.loads(wbdata)
news=data['data']['pc_feed_focus']
```

第四部分是对索引出来的 JSON 数据进行遍历和提取,具体如下。

```
for n in news:
    title=n['title']
    img_url=n['image_url']
    url=n['media_url']
    print(url,title,img_url)
```

至此就完成了从 JS 网页中采集数据的整个过程。

2.5 实验 1: HTML 网页采集

本实验将编写一个网络数据采集工具,用来读取清华大学出版社的网站首页信息。编写网络数据采集工具需要用到 urllib,它是 URL 与 lib 的继承。urllib 有 4 个模块,分别是 urllib.request(请求模块)、urllib.error(异常处理模块)、urllib.parse url(解析模块)、urllib.robotparser(robots.txt 解析模块),其主要作用是打开和阅读 URL 文档,在写程序时,需要导入这个包。如果是 Python 2.x 版本,则默认导入的模块是 urllib2;对于 Python 3.x 以上的版本,默认导入的模块是 urllib3。

2.5.1 新建项目

启动 JetBrains PyCharm 程序,新建项目,选择 File→New Project 选项并输入文件保存地址,再选择安装好的 Python 版本,单击 Create 按钮,如图 2-17 所示。

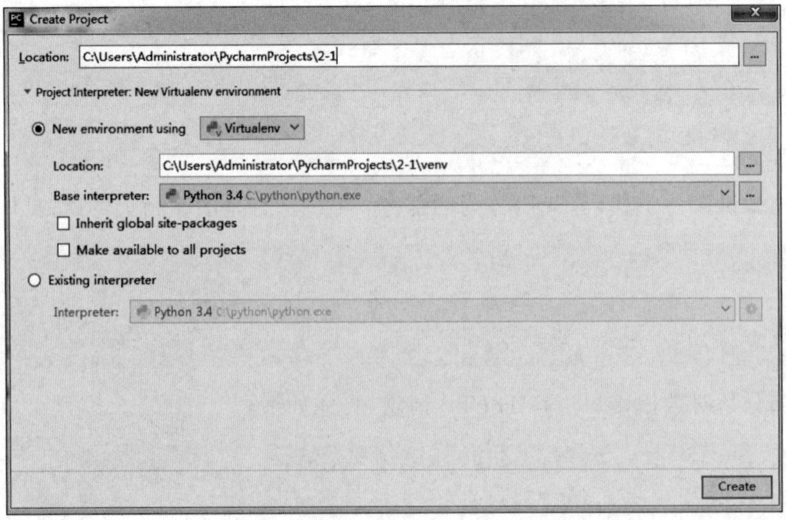

图 2-17 新建项目

新建项目后,在左上角右击项目文件夹,选择 New→Python File 选项,输入文件名,如图 2-18 所示。

图 2-18　新建程序文件

进入编写代码的界面,就可以编写 Python 程序了,如图 2-19 所示。

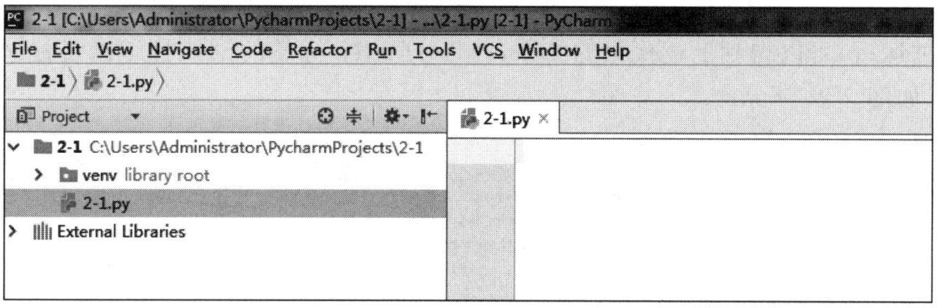

图 2-19　编写代码的界面

2.5.2　编写代码

现在就可以开始编写第一个网络数据采集代码了,采集清华大学出版社的网站首页信息需要在第 1 行导入 urllib.request。

```
import urllib.request
```

然后需要定义一个变量 url,用来保存网站信息。

```
url = "http://www.tup.tsinghua.edu.cn/"
```

接下来需要下载网站信息,使用的是 urllib.request 下的 urlopen 方法,该方法把 url 这个变量传递进去,并将结果赋值给变量 response。

```
response = urllib.request.urlopen(url)
```

上述 response 中保存了网站信息,但是要想变成可读取的形式还需要解析,使用 read() 方法解析 response,将结果赋值给变量 html_doc。

```
html_doc = response.read().decode("utf-8")
```

最后将 html_doc 打印出来,就可以看到采集的内容了。

```
print(html_doc)
```

经过上述编写,第一个 HTML 网页内容的数据采集程序就完成了,完整的代码如下。

```
import urllib.request
url = "http://www.tup.tsinghua.edu.cn/"
response = urllib.request.urlopen(url)
html_doc = response.read().decode("utf-8")
print(html_doc)
```

2.5.3 运行程序

经过运行,可以得到上述代码的结果,并以 HTML 标签的形式打印出目标网站的首页信息,如图 2-20 所示。

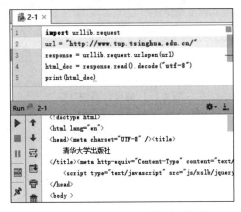

图 2-20 查看网站首页的网页源码

对于上述网站,也可以通过浏览器检查其代码。打开火狐浏览器并右击,在弹出的快捷菜单中选择"查看页面代码"选项,如图 2-21 所示。

图 2-21 网站的页面代码

对于网络数据采集,有时候可能会出现系统异常,这时需要通过 Python 的异常处理机制解决,可以使用 try 和 except,例如下面的代码。

```
import urllib.request
url = "http://www.tup.tsinghua.edu.cn/"
response = urllib.request.urlopen(url)
html_doc = response.read().decode("utf-8")
print(html_doc)
```

因为没有 URL 地址,所以结果会报错。这时可以修改相应的代码,加上异常处理机制,程序就可以正常运行了,代码如下。

```
import urllib.request
url = "http://www.tup.tsinghua.edu.cn/"
try:
    response = urllib.request.urlopen(url)
    html_doc=response.read().decode("utf-8")
    print(html_doc)
except urllib.request.URLError as e:
    print(e.reason)
```

本 章 小 结

本章介绍了几种爬取网页数据的方法。首先从静态网页开始介绍如何安装 Requests 库,如何使用 Requests 库获取响应内容,如何通过定制 Requests 库的参数满足静态网页的爬取需求;然后介绍了动态网页的实例,并通过利用浏览器审查元素解析地址的方式爬取动态网页上的数据。

习　　题

1. 选择题

(1) 下面哪个不是 Python Requests 库提供的方法?
　　A. .post()　　　　B. .push()　　　　C. .get()　　　　D. .head()

(2) Requests 库中,下面哪个是检查 Response 对象是否成功返回的状态属性?
　　A. .headers　　　　　　　　　　　B. .status
　　C. .status_code　　　　　　　　　D. .raise_for_status

(3) Requests 库中,下面哪个属性代表了从服务器返回 HTTP 头推荐的编码方式?
　　A. .text　　　　　　　　　　　　B. .apparent_encoding
　　C. .headers　　　　　　　　　　　D. .encoding

（4）Requests库中，下面哪个是由于DNS查询失败而造成的获取URL异常？

  A. requests.Timeout   B. requests.HTTPError

  C. requests.URLRequired   D. requests.ConnectionError

2. 问答题

（1）Python实现HTTP请求的方法有哪些？

（2）在urllib处理数据时，即使POST数据是正常的，但仍然无法获取数据的原因是什么？

（3）静态网页数据采集与动态网页数据采集有何不同？

（4）简述动态网页采集JavaScript数据的方法。

解析采集到的网页

学习目标：
- 了解网页数据的提取方法；
- 掌握使用正则表达式解析网页的方法；
- 掌握使用 Beautiful Soup 解析网页的方法；
- 掌握使用 lxml 工具解析网页的方法。

HTML 网页数据的解析和提取是 Python 网络数据采集开发中非常关键的步骤。HTML 网页的解析和提取有很多方法，本章将从使用正则表达式解析、使用 Beautiful Soup 解析、使用 lxml 解析这三个方面进行讲解。

3.1 使用正则表达式解析

简单地说，正则表达式是一种可以用于模式匹配和替换的强大工具。在几乎所有基于 UNIX/Linux 系统的软件工具中都能找到正则表达式的痕迹，如 Perl 或 PHP 脚本语言。此外，JavaScript 这种脚本语言也提供了对正则表达式的支持。现在，正则表达式已经成为一个通用的工具，被各类技术人员广泛使用。

3.1.1 基本语法与使用

正则表达式是一个很强大的字符串处理工具，几乎任何关于字符串的操作都可以使用正则表达式完成。作为一个数据采集工作者，几乎每天都要和字符串打交道，正则表达式更是不可或缺的技能。正则表达式在不同开发语言中的使用方式可能不一样，不过只要学会了任意一门语言的正则表达式的用法，其他语言中大部分也只是换了一个函数名称而已，本质上都是一样的。

首先，Python 中的正则表达式大致分为以下几部分。

元字符

模式

函数

re 内置对象用法

分组用法

环视用法

其次,所有关于正则表达式的操作都使用 Python 标准库中的 re 模块完成,部分正则表达式如表 3-1 所示。

表 3-1　部分正则表达式

模式	描　　述	模式	描　　述
.	匹配任意字符(不包括换行符)	\A	匹配字符串开始位置,忽略多行模式
^	匹配开始位置,多行模式下匹配每一行的开始	\Z	匹配字符串结束位置,忽略多行模式
$	匹配结束位置,多行模式下匹配每一行的结束	\b	匹配位于单词开始或结束位置的空字符串
*	匹配前一个元字符 0 到多次	\B	匹配不在单词开始或结束位置的空字符串
+	匹配前一个元字符 1 到多次	\d	匹配一个数字,相当于[0-9]
?	匹配前一个元字符 0 到 1 次	\D	匹配非数字,相当于[^0-9]
{m,n}	匹配前一个元字符 m 到 n 次	\s	匹配任意空白字符,相当于[\t\n\r\f\v]

3.1.2　Python 与正则表达式

正则表达式是一个特殊的字符序列,它能帮助你方便地检查一个字符串是否与某种模式匹配。Python 自 1.5 版本开始就增加了 re 模块,提供 Perl 风格的正则表达式模式。re 模块使 Python 语言拥有全部的正则表达式功能。compile 函数根据一个模式字符串和可选的标志参数生成一个正则表达式对象,该对象拥有一系列用于正则表达式匹配和替换的方法。

re 模块也提供了与这些方法的功能完全一致的函数,这些函数使用一个模式字符串作为第一个参数。下面主要介绍 Python 中常用的正则表达式处理函数。

1. re.match 函数

re.match 函数尝试从字符串的起始位置匹配一个模式,如果不是在起始位置匹配成功,则返回 none,该函数的语法如下。

```
re.match(pattern, string, flags=0)
```

函数参数说明如表 3-2 所示。

表 3-2　re.match 函数参数说明

参　　数	描　　述
pattern	匹配的正则表达式
string	要匹配的字符串

参　数	描　述
flags	标志位,用于控制正则表达式的匹配方式,如是否区分大小写、多行匹配等。参见:正则表达式修饰符-可选标志

若匹配成功,则 re.match 函数返回一个匹配的对象;否则返回 None。可以使用 group(num)或 groups()方法匹配对象函数以获取匹配表达式。

具体示例代码如下。

```
#!/usr/bin/python
#-*-coding: UTF-8-*-
import re
print(re.match('www', 'www.tup.tsinghua.edu.cn').span())    #在起始位置匹配
print(re.match('com', 'www.tup.tsinghua.edu.cn'))           #不在起始位置匹配
```

以上示例运行后的输出结果如下。

```
(0, 3)
None
```

2. re.search 函数

re.search 函数用于扫描整个字符串,并返回第一个成功的匹配。

该函数的语法如下。

```
re.search(pattern, string, flags=0)
```

函数参数说明如表 3-3 所示。

表 3-3　re.search 函数参数说明

参　数	描　述
pattern	匹配的正则表达式
string	要匹配的字符串
flags	标志位,用于控制正则表达式的匹配方式,如是否区分大小写、多行匹配等

若匹配成功,则 re.search 函数会返回一个匹配的对象;否则返回 None。

具体示例代码如下。

```
#!/usr/bin/python
#-*-coding: UTF-8-*-
import re
print(re.search('www', 'www.tup.tsinghua.edu.cn').span())   #在起始位置匹配
print(re.search('com', 'www.tup.tsinghua.edu.cn').span())   #不在起始位置匹配
```

以上示例运行后的输出结果如下。

```
(0, 3)
(11, 14)
```

3. re.match 函数与 re.search 函数的区别

re.match 函数只匹配字符串的开始位置,如果字符串的开始位置不符合正则表达式,则匹配失败,函数返回 None;而 re.search 函数匹配整个字符串,直到找到一个匹配。具体示例代码如下。

```
#!/usr/bin/python
import re
line = "Cats are smarter than dogs";
matchObj = re.match( r'dogs', line, re.M|re.I)
if matchObj:
    print ("match --> matchObj.group() : ", matchObj.group())
else:
    print("No match!!" )
matchObj = re.search( r'dogs', line, re.M|re.I)
if matchObj:
    print("search --> matchObj.group() : ", matchObj.group())
else:
    print("No match!!" )
```

以上示例运行后的输出结果如下。

```
No match!!
search --> matchObj.group() :  dogs
```

下面是正则表达式的相关实例。

```
#!/usr/bin/python
import re
line = "Cats are smarter than dogs"
matchObj = re.match( r'(.*) are (.*?) .*', line, re.M|re.I)
if matchObj:
    print("matchObj.group() : ", matchObj.group())
    print("matchObj.group(1) : ", matchObj.group(1))
    print ("matchObj.group(2) : ", matchObj.group(2))
else:
    print("No match!!")
```

其中,正则表达式如下。

```
r'(.*) are (.*?) .*'
```

首先,这是一个字符串,前面的一个 r 表示字符串为非转义的原始字符串,让编译器忽略反斜杠,也就是忽略转义字符。但是这个字符串中没有反斜杠,所以这个 r 可有可无。

"(.*)"为第一个匹配分组,".*"代表匹配除换行符之外的所有字符。

"(.*?)"为第二个匹配分组,".*?"后面的多个问号代表非贪婪模式,即只匹配符合条件的最少字符。

最后的一个".*"没有被括号包围,所以不是分组,匹配效果和第一个".*"一样,但是不计入匹配结果。

matchObj.group()等同于 matchObj.group(0),表示匹配到的完整文本字符。

matchObj.group(1)得到第一组匹配结果,也就是"(.*)"匹配到的。

matchObj.group(2)得到第二组匹配结果,也就是"(.*?)"匹配到的。

因为匹配结果中只有两组,所以填 3 时会报错。

当使用正则表达式爬取面积数据时,首先需要尝试匹配<td>元素中的内容,示例代码如下所示。

```
#-*-coding:utf-8-*-
import urllib3,re
http = urllib3.PoolManager()
r =
http.request('GET','www.runoob.com/places/default/view/Andorra-6')
def scrape(html):
    area = re.findall('<tdclass="w2p_fw">(.*?)</td>',html)[1]
    return area
print(scrape(str(r.data)))
```

从上述结果可以看出,多个国家属性都使用了<td class="w2pfw">标签。要想分离出面积属性,则可以只选择其中的第二个元素,示例如下。

```
re.findall('<td class="w2p_fw">(.*2?)</td>',html)[1]
'244,820 square kilometres'
```

这个迭代版本看起来更好一些,但是网页更新还有很多其他方式,同样使得该正则表达式无法满足。如将双引号变为单引号,或在<td>标签之间添加多余的空格。下面是尝试支持这些可能性的改进版本。

```
re.findall('<tr id="places_area__row"><td
class="w2p_fl"><label for="places_area"
    id="places_area__label">Area: </label></td><td
    class="w2p_fw">(.*?)</td>', html
['244,820 square kilometres']
```

3.2 使用 Beautiful Soup 解析

通过 Requests 库已经可以抓到网页源码了,接下来要从源码中找到并提取数据。BeautifulSoup 是 Python 的一个库,其主要功能是从网页中爬取数据。Beautiful Soup 目前已经被移植到 bs4 库中,也就是说,在导入 BeautifulSoup 时需要先安装 bs4 库。安装 bs4 库后,还需要安装 lxml 库。如果不安装 lxml 库,则会使用 Python 默认的解析器。下面将介绍 Beautiful Soup 4 的安装和使用方法。

3.2.1 Python 网页解析器

网页解析器是用来解析 HTML 网页的工具,它是一个 HTML 网页信息提取工具,就是从 HTML 网页中解析并提取出"需要的、有价值的数据"或者"新的 URL 列表"的工具。

网页解析器将从下载到的 URL 数据中提取有价值的数据和生成新的 URL。对于数据提取,可以使用正则表达式和 Beautiful Soup 等方法。正则表达式使用基于字符串的模糊匹配,对于特点比较鲜明的目标数据具有较好的效果,但通用性不高。使用正则表达式进行网页解析的过程如图 3-1 所示。

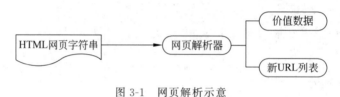

图 3-1 网页解析示意

Python 有以下几种网页解析器:正则表达式、html.parser、Beautiful Soup、lxml。常见的 Python 网页解析工具有 re 正则匹配、Python 自带的 html.parser 模块、第三方库 Beautiful Soup 及 lxm 库。

以上 4 种网页解析工具属于不同类型的解析器,如图 3-2 所示。

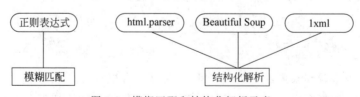

图 3-2 模糊匹配和结构化解析示意

① 模糊匹配。re 正则表达式即为字符串式的模糊匹配模式。
② 结构化解析。Beautiful Soup、html.parser 与 lxml 为结构化解析模式,它们都以 DOM 树结构为标准进行标签结构信息的提取。

DOM 树即文档对象模型(Document Object Model),其树形标签结构如图 3-3 所示。结构化解析是指网页解析器将下载的整个 HTML 文档当作一个 Document 对象,然

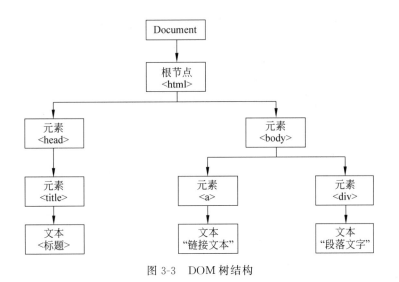

图 3-3　DOM 树结构

后利用其上下结构的标签形式对这个对象的上下级标签进行遍历和信息提取操作。

3.2.2　Beautiful Soup 第三方库

1. Beautiful Soup 简介

Beautiful Soup 是一个可以从 HTML 或 XML 文件中提取数据的 Python 库,它能够通过用户喜欢的转换器实现惯用文档导航、查找和修改文档等操作。在基于 Python 的数据采集开发中,主要用到的是 Beautiful Soup 的查找和提取功能,修改文档方式很少用到。可以说,Beautiful Soup 是一个非常流行的 Python 模块。

简单来说,Beautiful Soup 是 Python 的一个库,其主要功能是从网页上爬取数据。Beautiful Soup 提供一些简单的、Python 式的函数以处理导航、搜索、修改分析树等,它是一个工具箱,通过解析义档为用户提供需要爬取的数据,不需要多少代码就可以写出一个完整的应用程序。Beautiful Soup 可以自动将输入文档转换为 Unicode 编码,将输出文档转换为 UTF-8 编码,不需要考虑编码方式,除非文档没有指定编码方式,这时,Beautiful Soup 就不能自动识别编码方式了,需要说明原始编码方式。Beautiful Soup 已成为和 lxml、html6lib 一样出色的 Python 解析器,可以为用户灵活地提供不同的解析策略或更快的速度。Beautiful Soup 会帮助开发人员节省数小时甚至数天的工作时间。

2. 安装 Beautiful soup 4

(1) 安装方法

接下来介绍 Beautiful Soup 在 Python 网络数据采集开发中的使用,该模块可以解析网页,并提供定位内容的便捷接口。如果还没有安装该模块,则可以使用以下命令安装其最新版本。

```
#pip install beautifulsoup4
```

beautifulsoup 4(简称 bs4)通过 PyPi 发布,如果无法使用系统包管理安装,那么也可以通过 easy_install 或 pip 进行安装。包的名字是 beautiful soup 4,兼容 Python 2 和 Python 3。

```
#yum install libxslt-devel python-devel
#pip install lxml
```

在 PyPi 中还有一个名字是 Beautiful Soup 的包,它是 Beautiful Soup 3 的发布版本,因为很多项目还在使用 bs3,所以 Beautiful Soup 包依然有效。但如果你在编写新项目,那么你应该安装的是 bs4。

如果没有安装 easy_install 或 pip,也可以下载 bs4 的源码,然后通过 setup.py 进行安装。

```
#python setup.py install
```

如果上述安装方法都行不通,那么 Beautiful Soup 的发布协议允许用户将 bs4 的代码打包在项目中,这样一来无须安装即可使用。在 Python 2.7 和 Python 3.2 版本下开发 Beautiful Soup,理论上 Beautiful Soup 应该在所有当前的 Python 版本中都能正常工作。

Beautiful Soup 在发布时被打包成 Python 2 版本的代码,在 Python 3 环境下安装时会自动转换成 Python 3 的代码,如果没有一个安装的过程,那么代码就不会被转换。如果代码抛出了 ImportError 的异常"No module named HTMLParser",则表明在 Python 3 版本中执行了 Python 2 版本的代码。如果代码抛出了 ImportError 的异常"No module named html.parser",则表明在 Python 2 版本中执行了 Python 3 版本的代码。如果遇到上述两种情况,最好的解决方法是重新安装 Beautiful soup 4。如果在 ROOT_TAG_NAME = u'[document]'代码处遇到 SyntaxError"Invalid syntax"错误,则需要将 bs4 的 Python 代码版本从 Python 2 转换到 Python 3,然后重新安装 bs4 即可。

```
#python3 setup.py install
```

或在 bs4 的目录中执行 Python 的代码版本转换脚本。

```
#2to3-3.2 -w bs4
```

Beautiful Soup 支持 Python 标准库中的 HTML 解析器,还支持一些第三方解析器,其中一个是 lxml。根据操作系统的不同,可以选择下列方法安装 lxml。

```
#yum install Python-html5lib
#pip install html5lib
```

另一个可供选择的解析器是纯 Python 实现的 html5lib,它的解析方式与浏览器相同,可以选择下列方法安装 html5lib。

```
#apt-get install Python-html5lib
#easy_install html5lib
pip install html5lib
```

(2) 安装测试

安装完成后是一个 Python 线下自带的、简洁的集成开发环境,测试 bs4 是否安装成功的示例如下。

```
from bs4 import Beautiful Soup
import bs4
print bs4
```

3. Beautiful Soup 语法

使用 Beautiful Soup 的一般流程有以下 3 个步骤。

① 创建 Beautiful Soup 对象。

② 使用 Beautiful Soup 对象的操作方法 find_all 与 find 进行解读搜索,示例如下。

```
soup.find_all('a')
soup.find('a')
```

③ 利用 DOM 结构的标签特性进行更为详细的节点信息提取。

4. 使用方法

① 创建 Beautiful Soup 对象(即 DOM 对象),示例如下。

```
#引入 Beautiful Soup 库
    from bs4 import Beatiful Soup
#根据 HTML 网页字符串结构创建 Beatiful Soup 对象
    soup=Beautiful Soup(html_doc,            #HTML 文档字符串
'html.parser',                              #HTML解析器
from_encoding='utf-8'                       #HTML 文档编码
)
```

② 搜索节点(find_all,find),方法如下。

- soup.find_all():查找所有符合查询条件的标签节点,并返回一个列表。
- soup.find():查找符合查询条件的第一个标签节点。

实例 1:搜索所有<a>标签,示例如下。

```
soup.find_all('a')
```

实例 2:查找所有标签名为 a 且链接符合"/view/123.html"的节点。

实现方法 1 的示例如下。

```
soup.find_all('a',href='/view/123.html')
```

实现方法 2 的示例如下。

```
soup.find_all('a',href=re.compile(r'/view/\d+\.html'))
```

实例 3：查找所有标签名为 a、class 属性为 abc、文字为 Python 的节点，示例如下。

```
soup.findall('a',class_='abc',string='Python')
```

③ 访问节点信息。

当得到节点＜a href='/view/123.html'class='doc_link'＞I love Python＜a＞时，首先需要获取节点名称，示例如下。

```
node.name
```

其次是获取查找到的 a 节点的 href 属性，示例如下。

```
node['href']
```

或者示例如下。

```
node.get('href')
```

最后是获取查找到的 a 节点的字符串内容，示例如下。

```
node.get_text()
```

5. Beautiful Soup 信息提取实例

相关示例的实现代码如下。

```
from bs4 import Beautiful Soup
html_doc="""<html><head><title>The Dormouse's story</title></head>
<body>
<p class="title"><b>The Dormouse's story</b></p>
<p class="story">Once upon a time there were three little sisters; and their names were<a 
href="http://www.tup.tsinghua.edu.cn/elsie" class= "sister" id="link1">
Elsie</a>,<a href="http://www.tup.tsinghua.edu.cn/lacie"class="sister"id="link2"> Lacie</a>and<a 
href="http://www.tup.tsinghua.edu.cn/tillie" class= "sister" id="link3">
Tillie</a>;
and they lived at the bottom of a well.</p>
```

```
<p class="story">…</p>"""
links=Beautiful Soup(html_doc,'lxml')
print(links.name,links.a['href'],links.get_text())
```

将一段文档传入Beautiful Soup的构造方法就能得到一个文档的对象。下面是传入一段字符串或一个文件句柄的示例。

```
from bs4 import Beautiful Soup
soup = Beautiful Soup(open("index.html"))
soup = Beautiful Soup("<html>data</html>")
```

首先,文档被转换成Unicode,并且HTML的实例都被转换成了Unicode编码,代码如下。

```
Beautiful Soup("Sacr&eacute; bleu!")
<html><head></head><body>Sacré bleu!</body></html>
```

然后,Beautiful Soup选择最合适的解析器解析这段文档。如果手动指定解析器,那么Beautiful Soup会选择指定的解析器解析文档。

下面的一段HTML代码将作为例子在本书后续章节中被多次用到,这是《爱丽丝梦游仙境》中的一段内容(后文中简称这段内容为"爱丽丝")。

```
html_doc = """
<html><head><title>The Dormouse's story</title></head>
<body>
<p class="title"><b>The Dormouse's story</b></p>
<p class="story">Once upon a time there were three little sisters; and their names were
<a href="http://www.tup.tsinghua.edu.cn/elsie" class="sister" id="link1">Elsie</a>,
<a href="http://www.tup.tsinghua.edu.cn/lacie" class="sister" id="link2">Lacie</a> and
<a href="http://www.tup.tsinghua.edu.cn/tillie" class="sister" id="link3">Tillie</a>;
and they lived at the bottom of a well.</p>
<p class="story">…</p>
```

使用Beautiful Soup解析这段代码,能够得到一个Beautiful Soup对象,并能按照标准的缩进格式进行输出,具体如下。

```
soup = Beautiful Soup(html_doc,'lxml')
<html>
<head>
```

```
    <title>
     The Dormouse's story
    </title>
   </head>
   <body>
    <p class="title">
     <b>
      The Dormouse's story
     </b>
    </p>
    <p class="story">
     Once upon a time there were three little sisters; and their names were
     <a class="sister" href="http://www.tup.tsinghua.edu.cn/elsie" id="link1">
      Elsie
     </a>
     ,
     <a class="sister" href="http://www.tup.tsinghua.edu.cn/lacie" id="link2">
      Lacie
     </a>
     and
     <a class="sister" href="http://www.tup.tsinghua.edu.cn/tillie" id="link2">
      Tillie
     </a>
    </p>
    <p class="story">
     ...
    </p>
   </body>
  </html>
```

以下是几个简单的浏览结构化数据的方法。

```
soup.title
 <title>The Dormouse's story</title>
print(soup.title.name)
 u'title'
print(soup.title.string)
 u'The Dormouse's story'
print(soup.title.parent.name)
 u'head'
```

```
print(soup.p)
 <p class="title"><b>The Dormouse's story</b></p>
print(soup.p['class'])
 u'title'
print(soup.a)
 <a class="sister" href="http://www.tup.tsinghua.edu.cn/elsie" id="link1">
Elsie</a>
print(soup.find_all('a'))
 [<a class="sister" href="http://www.tup.tsinghua.edu.cn/elsie" id="link1"
>Elsie</a>,
  <a class="sister" href="http://www.tup.tsinghua.edu.cn/lacie" id="link2"
>Lacie</a>,
  <a class="sister" href="http://www.tup.tsinghua.edu.cn/tillie" id="link3"
>Tillie</a>]
print(soup.find(id="link3"))
 <a class="sister" href="http://www.tup.tsinghua.edu.cn/tillie" id="link3"
```

从文档中找到所有<a>标签的链接的代码如下。

```
for link in soup.find_all('a'):
    print(link.get('href'))
     http://www.tup.tsinghua.edu.cn/elsie
     http://www.tup.tsinghua.edu.cn/lacie
     http://www.tup.tsinghua.edu.cn/tillie
```

从文档中获取所有文字内容的代码如下。

```
print(soup.get_text())
 The Dormouse's story
 The Dormouse's story
 Once upon a time there were three little sisters; and their names were
  Elsie,
  Lacie and
  Tillie;
 and they lived at the bottom of a well.
 ...
```

6. Beautiful Soup 对象的种类

Beautiful Soup 将复杂的 HTML 文档转换成了一个复杂的树形结构，每个节点都是 Python 对象。所有对象可以归纳为 4 种：Tag、NavigableString、Beautiful Soup、Comment。

（1）Tag 对象

Tag 对象与 XML 或 HTML 原生文档中的 Tag（标签）相同，相关示例如下。

```
soup = Beautiful Soup('<b class="boldest">Extremely bold</b>')
tag = soup.b
pring(type(tag))
<class 'bs4.element.Tag'>
```

Tag 对象有很多方法和属性,在遍历文档树和搜索文档树中有详细解释。现在介绍 Tag 对象中最重要的属性：name 和 attributes。

① name。每个 Tag 对象都有自己的名字,通过 name 获取,相关示例如下。

```
tag.name
u'b'
```

如果改变了 Tag 对象的 name,则将影响所有通过当前 Beautiful Soup 对象生成的 HTML 文档,相关示例如下。

```
tag.name = "blockquote"
tag
<blockquote class="boldest">Extremely bold</blockquote>
```

② attributes。一个 Tag 对象可能有多个属性,tag <b class="boldest"> 有一个 class 的属性,值为 boldest。Tag 属性的操作方法与字典相同。

```
Tag['class']
['boldest']
```

也可以直接"点"取属性,比如.attrs。

```
Tag.attrs
{'class': ['boldest']}
```

Tag 对象的属性可以被添加、删除或修改。Tag 对象的属性操作方法与字典相同。

```
tag['class'] = 'verybold'
tag['id'] = 1
print(Tag)
<b class="verybold" id="1">Extremely bold</b>
del tag['class']
del tag['id']
print(Tag)
<b>Extremely bold</b>
print(Tag['class'])
Traceback (most recent call last):
  File "<input>", line 1, in <module>
    print(Tag['class'])
```

```
    File "/usr/local/lib/python3.5/site-packages/bs4/element.py", line 997, in
__getitem__
        return self.attrs[key]
KeyError: 'class'
print(tag.get('class'))
None
```

HTML 4 定义了一系列可以包含多个值的属性,虽然在 HTML 5 中移除了一些,但 HTML 5 却增加了更多的其他属性。最常见的多值属性是 class(一个 Tag 对象可以有多个 CSS 的 class),还有一些其他属性,如 rel、rev、accept-charset、headers、accesskey。在 Beautiful Soup 中,多值属性的返回类型是 list,相关示例如下。

```
css_soup = Beautiful Soup('<p class="body strikeout"></p>')
css_soup.p['class']
 ["body", "strikeout"]
css_soup = Beautiful Soup('<p class="body"></p>')
css_soup.p['class']
 ["body"]
```

如果某个属性看起来好像有多个值,但它在任何版本的 HTML 定义中都没有被定义为多值属性,那么 Beautiful Soup 会将这个属性作为字符串返回,相关示例如下。

```
id_soup = Beautiful Soup('<p id="my id"></p>')
id_soup.p['id']
 'my id'
```

将 Tag 对象转换成字符串时,多值属性会合并为一个值,相关示例如下。

```
rel_soup = Beautiful Soup('<p>Back to the <a rel="index">homepage</a></p>')
rel_soup.a['rel']
 ['index']
rel_soup.a['rel'] = ['index', 'contents']
print(rel_soup.p)
 <p>Back to the <a rel="index contents">homepage</a></p>
```

如果转换的文档是 XML 格式,那么相关标签中就不包含多值属性,相关示例如下。

```
xml_soup = Beautiful Soup('<p class="body strikeout"></p>', 'xml')
xml_soup.p['class']
 u'body strikeout'
```

(2)NavigableString 对象
Beautiful Soup 使用 NavigableString 类包装 Tag 对象中的字符串,相关示例如下。

```
print(tag.string)
 u'Extremely bold'
print(type(tag.string))
 <class 'bs4.element.NavigableString'>
```

NavigableString 字符串与 Python 中的 Unicode 字符串相同，并且支持包含在遍历文档树和搜索文档树中的一些特性。通过 unicode() 方法可以直接将 NavigableString 对象转换成 Unicode 字符串，相关示例如下。

```
unicode_string = unicode(tag.string)
unicode_string
 u'Extremely bold'
print(type(unicode_string))
 <type 'unicode'>
```

Tag 对象中包含的字符串不能编辑，但可以被替换成其他字符串。替换时会用到 replace_with() 方法，相关示例如下。

```
tag.string.replace_with("No longer bold")
print(tag)
 <blockquote>No longer bold</blockquote>
```

NavigableString 对象支持遍历文档树和搜索文档树中定义的大部分属性，但并非全部。尤其是一个字符串不能包含其他内容（Tag 对象能够包含字符串或其他 Tag 对象），字符串不支持 contents 或 string 属性或 find() 方法。如果想在 Beautiful Soup 之外使用 NavigableString 对象，则需要调用 unicode() 方法，将该对象转换成普通的 Unicode 字符串；否则就算 Beautiful Soup 的方法已经执行结束，该对象的输出也会带有对象的引用地址，这样会浪费内存。

（3）Beautiful Soup 对象

Beautiful Soup 对象表示一个文档的全部内容，大多情况下可以把它当作 Tag 对象。Beautiful Soup 对象支持遍历文档树和搜索文档树中描述的大部分方法。因为 Beautiful Soup 对象并不是真正的 HTML 或 XML 的 Tag 对象，所以它没有 name 和 attributes 属性，但查看它的 name 属性却是很方便的，所以 Beautiful Soup 对象包含一个值为"[document]"的特殊属性 name。

```
print(soup.name)
 u'[document]'
```

Beautiful Soup 中定义的其他类型都可能出现在 XML 文档中，如 CData、ProcessingInstruction、Declaration、Doctype。与 Comment 对象类似，这些类都是 NavigableString 的子类，只是添加了一些额外的方法。下面是使用 CData 替代注释的例子。

```
from bs4 import CData
cdata = CData("A CDATA block")
comment.replace_with(cdata)
print(soup.b.prettify())
 <b>
  <![CDATA[A CDATA block]]>
 </b>
```

(4) Comment 对象

Comment 对象是一个特殊类型的 NavigableString 对象,相关示例如下。

```
print(comment)
 u'Hey, buddy. Want to buy a used parser'
```

当在 HTML 文档中出现时,Comment 对象会使用特殊的格式输出,相关示例如下。

```
print(soup.b.prettify())
 <b>
  <!--Hey, buddy. Want to buy a used parser?-->
 </b>
```

7. 遍历文档树

下面用"爱丽丝"文档举例,文档的结构如下。

```
html_doc = """
<html><head><title>The Dormouse's story</title></head>
<p class="title"><b>The Dormouse's story</b></p>
<p class="story">Once upon a time there were three little sisters, and their
names were
<a href="http://www.tup.tsinghua.edu.cn/elsie" class="sister" id="link1">
Elsie</a>,
<a href="http://www.tup.tsinghua.edu.cn/lacie" class="sister" id="link2">
Lacie</a> and
<a href="http://www.tup.tsinghua.edu.cn/tillie" class="sister" id="link3">
Tillie</a>;
and they lived at the bottom of a well.</p>
<p class="story">…</p>
"""
from bs4 import BeautifulSoup
soup = BeautifulSoup(html_doc)
```

下面演示怎样从文档的一段内容中找到另一段内容。

(1) 子节点

一个 Tag 对象可能包含多个字符串或其他 Tag 对象,这些都是这个 Tag 对象的子节点。Beautiful Soup 提供了许多操作和遍历子节点的属性。

注意:在 Beautiful Soup 中,字符串节点不支持遍历子节点的属性,这是因为字符串没有子节点。

操作文档树最简单的方法就是告诉它想要获取的 Tag 对象的 name。如果想获取<head>标签,则只需要用到 soup.head,相关示例如下。

```
print(soup.head)
 <head><title>The Dormouse's story</title></head>
print(soup.title)
 <title>The Dormouse's story</title>
```

上述代码是获取 Tag 对象标签的小窍门,可以在文档树的标签中多次调用这个方法。下面的代码可以获取<body>标签中的第一个<b>标签。

```
print(soup.body.b)
 <b>The Dormouse's story</b>
```

通过点取属性的方式只能获得当前名字的第一个节点,相关示例如下。

```
print(soup.a)
 <a class="sister" href="http://www.tup.tsinghua.edu.cn/elsie" id="link1">Elsie</a>
```

如果想要得到所有<a>标签,或是通过名字得到比一个标签更多的内容时,就需要用到遍历文档树中描述的方法,如 find_all()方法。

```
print(soup.find_all('a'))
 [<a class="sister" href="http://www.tup.tsinghua.edu.cn/elsie" id="link1">Elsie</a>,
  <a class="sister" href="http://www.tup.tsinghua.edu.cn/lacie" id="link2">Lacie</a>,
  <a class="sister" href="http://www.tup.tsinghua.edu.cn/tillie" id="link3">Tillie</a>]
```

(2) 父节点

继续分析文档树,每个 Tag 对象或字符串都有父节点:被包含在某个 Tag 对象中,可以通过 parent 属性获取某个元素的父节点。在"爱丽丝"文档中,<head>标签是<title>标签的父节点。

```
title_tag = soup.title
print(title_tag)
```

```
 <title>The Dormouse's story</title>
print(title_tag.parent)
 <head><title>The Dormouse's story</title></head>
```

文档 title 的字符串也有父节点,即<title>标签,相关代码如下。

```
title_tag.string.parent
 <title>The Dormouse's story</title>
```

文档的顶层节点,如<html>的父节点是 Beautiful Soup 对象,相关代码如下。

```
html_tag = soup.html
print(type(html_tag.parent))
 <class 'bs4.Beautiful Soup'>
```

Beautiful Soup 对象的 parent 是 None,相关代码如下。

```
print(soup.parent)
 None
```

通过元素的 parents 属性可以递归地得到元素的所有父节点。下面的例子使用 parents 属性遍历了从<a>标签到根节点的所有节点。

```
link = soup.a
print(link)
 <a class="sister" href="http://www.tup.tsinghua.edu.cn/elsie" id="link1">
Elsie</a>
for parent in link.parents:
    if parent is None:
        print(parent)
    else:
        print(parent.name)
 p
 body
 html
 [document]
 None
```

(3)兄弟节点
对于兄弟节点,可以通过下面的例子理解,具体如下。

```
sibling_soup = Beautiful Soup("<a><b>text1</b><c>text2</c></b></a>")
print(sibling_soup.prettify())
 <html>
```

```
<body>
 <a>
  <b>
   text1
  </b>
  <c>
   text2
  </c>
 </a>
</body>
</html>
```

因为<b>标签和<c>标签属于同一层(它们是同一个元素的子节点),所以<b>标签和<c>标签可以被称为兄弟节点。当一段文档以标准格式输出时,兄弟节点有相同的缩进级别,在代码中也可以使用这种关系。

在文档树中,使用 next_sibling 和 previous_sibling 属性查询兄弟节点,相关代码如下。

```
print(sibling_soup.b.next_sibling)
 <c>text2</c>
print(sibling_soup.c.previous_sibling)
 <b>text1</b>
```

<b>标签有 next_sibling 属性,但是没有 previous_sibling 属性,因为<b>标签在同级节点中是第一个。同理,<c>标签有 previous_sibling 属性,却没有 next_sibling 属性,相关代码如下。

```
print(sibling_soup.b.previous_sibling)
 None
print(sibling_soup.c.next_sibling)
 None
```

例子中的字符串 text1 和 text2 不是兄弟节点,因为它们的父节点不同,相关代码如下。

```
Print(sibling_soup.b.string)
 u'text1'
print(sibling_soup.b.string.next_sibling)
 None
```

另外,Tag 对象的 next_sibling 和 previous_sibling 属性通常是字符串或空白,首先看以下代码。

```
<a href="http://www.tup.tsinghua.edu.cn/elsie" class="sister" id="link1">
Elsie</a>
<a href="http://www.tup.tsinghua.edu.cn/lacie" class="sister" id="link2">
Lacie</a>
<a href="http://www.tup.tsinghua.edu.cn/tillie" class="sister" id="link3">
Tillie</a>
```

如果以为第一个<a>标签的 next_sibling 结果是第二个<a>标签,那么就错了;真实结果是第一个<a>标签和第二个<a>标签之间的顿号和换行符,相关代码如下。

```
link = soup.a
print(link)
  <a class="sister" href="http://www.tup.tsinghua.edu.cn/elsie" id="link1">
Elsie</a>
link.next_sibling
 u',\n'
```

第二个<a>标签是 next_sibling 属性,相关代码如下。

```
link.next_sibling.next_sibling
  <a class="sister" href="http://www.tup.tsinghua.edu.cn/lacie" id="link2">
Lacie</a>
```

8. 搜索文档树

Beautiful Soup 定义了很多搜索方法,这里着重介绍两个:find()和 find_all()。其他方法的参数和用法类似。

再次引用"爱丽丝"文档。

```
html_doc = """
<html><head><title>The Dormouse's story</title></head>
<p class="title"><b>The Dormouse's story</b></p>
<p class="story">Once upon a time there were three little sisters; and their names were
<a href="http://www.tup.tsinghua.edu.cn/elsie" class="sister" id="link1">
Elsie</a>,
<a href="http://www.tup.tsinghua.edu.cn/lacie" class="sister" id="link2">
Lacie</a> and
<a href="http://www.tup.tsinghua.edu.cn/tillie" class="sister" id="link3">
Tillie</a>;
and they lived at the bottom of a well.</p>
<p class="story">...</p>
"""
```

```
from bs4 import Beautiful Soup
soup = Beautiful Soup(html_doc)
```

find_all()方法可以用在 Tag 对象的 name、节点的属性、字符串或它们的混合中,函数的原型如下。

```
find_all(name, attributes, recursive, text, limit, keywords)
```

find_all()方法用来搜索当前标签的所有标签子节点,并判断是否符合 CSS 过滤器(CSS filters)的条件。这里有几个例子,具体如下。

```
print(soup.find_all("title"))
  [<title>The Dormouse's story</title>]
print(soup.find_all("p", "title"))
  [<p class="title"><b>The Dormouse's story</b></p>]
print(soup.find_all("a"))
  [<a class="sister" href="http://www.tup.tsinghua.edu.cn/elsie" id="link1"
>Elsie</a>,
   <a class="sister" href="http://www.tup.tsinghua.edu.cn/lacie" id="link2"
>Lacie</a>,
   <a class="sister" href="http://www.tup.tsinghua.edu.cn/tillie" id="link3"
>Tillie</a>]
print(soup.find_all(id="link2"))
  [<a class="sister" href="http://www.tup.tsinghua.edu.cn/lacie" id="link2"
>Lacie</a>]
import re
print(soup.find(text=re.compile("sisters")))
 u'Once upon a time there were three little sisters; and their names were\n'
```

有几个方法很相似,还有几个方法是新的,参数中的 text 和 id 表示什么含义?为什么 find_all("p", "title")返回的是 CSS class 为 title 的<p>标签?下面仔细看一下 find_all()方法的参数。

(1) name 参数

name 参数用于查找所有名字为该参数值的标签,字符串对象会被自动忽略,简单的用法如下。

```
print(soup.find_all("title"))
  [<title>The Dormouse's story</title>]
```

搜索 name 参数的值可以是任一类型的过滤器、字符串、正则表达式、列表、方法或是 True。

(2) keywords 参数

如果一个指定名字的参数不是搜索内置的参数名,则在搜索时会把该参数当作指定名字的标签属性进行搜索。如果包含一个名字为 id 的参数，则 Beautiful Soup 会搜索每个 Tag 对象的 id 属性。

```
print(soup.find_all(id='link2'))
 [<a class="sister" href="http://www.tup.tsinghua.edu.cn/lacie" id="link2">Lacie</a>]
```

如果传入 href 参数，则 Beautiful Soup 会搜索每个标签的 href 属性，相关代码如下。

```
print(soup.find_all(href=re.compile("elsie")))
 [<a class="sister" href="http://www.tup.tsinghua.edu.cn/elsie" id="link1">Elsie</a>]
```

搜索指定名字的属性时，可以使用的参数值包括字符串、正则表达式、列表和 True。下面的例子是在文档树中查找所有包含 id 属性的标签，无论 id 的值是什么。

```
print(soup.find_all(id=True))
 [<a class="sister" href="http://www.tup.tsinghua.edu.cn/elsie" id="link1">Elsie</a>,
  <a class="sister" href="http://www.tup.tsinghua.edu.cn/lacie" id="link2">Lacie</a>,
  <a class="sister" href="http://www.tup.tsinghua.edu.cn/tillie" id="link3">Tillie</a>]
```

使用多个指定名字的参数可以同时过滤标签的多个属性，相关代码如下。

```
print(soup.find_all(href=re.compile("elsie"), id='link1'))
 [<a class="sister" href="http://www.tup.tsinghua.edu.cn/elsie" id="link1">three</a>]
```

有些标签属性在搜索时不能使用，比如 HTML5 中的 data-* 属性，相关代码如下。

```
data_soup = Beautiful Soup('<div data-foo="value">foo!</div>')
print(data_soup.find_all(data-foo="value"))
 SyntaxError: keyword can't be an expression
```

9. CSS 选择器

Beautiful Soup 支持大部分的 CSS 选择器，在 Tag 或 Beautiful Soup 对象的 select() 方法中传入字符串参数，即可使用 CSS 选择器的语法找到标签，相关代码如下。

```
print(soup.select("title"))
 [<title>The Dormouse's story</title>]
print(soup.select("p nth-of-type(3)"))
 [<p class="story">...</p>]
```

逐层查找相关标签,代码如下。

```
print(soup.select("body a"))
 [<a class="sister" href="http://www.tup.tsinghua.edu.cn/elsie" id="link1">Elsie</a>,
  <a class="sister" href="http://www.tup.tsinghua.edu.cn/lacie" id="link2">Lacie</a>,
  <a class="sister" href="http://www.tup.tsinghua.edu.cn/tillie" id="link3">Tillie</a>]
print(soup.select("html head title"))
 [<title>The Dormouse's story</title>]
```

找到某个标签下的直接子标签,相关代码如下。

```
print(soup.select("head > title"))
 [<title>The Dormouse's story</title>]
print(soup.select("p > a"))
 [<a class="sister" href="http://www.tup.tsinghua.edu.cn/elsie" id="link1">Elsie</a>
  <a class="sister" href="http://www.tup.tsinghua.edu.cn/lacie" id="link2">Lacie</a>
  <a class="sister" href="http://www.tup.tsinghua.edu.cn/tillie" id="link3">Tillie</a>]
print(soup.select("p > a:nth-of-type(2)"))
 [<a class="sister" href="http://www.tup.tsinghua.edu.cn/lacie" id="link2">Lacie</a>]
print(soup.select("p > link1"))
 [<a class="sister" href="http://www.tup.tsinghua.edu.cn/elsie" id="link1">Elsie</a>]
soup.select("body > a")
 []
```

找到兄弟节点标签,相关代码如下。

```
print(soup.select("link1 ~ .sister"))
 [<a class="sister" href="http://www.tup.tsinghua.edu.cn/lacie" id="link2">Lacie</a>,
   <a class="sister" href="http://www.tup.tsinghua.edu.cn/tillie" id="link3">Tillie</a>]
print(soup.select("link1 + .sister"))
 [<a class="sister" href="http://www.tup.tsinghua.edu.cn/lacie" id="link2">Lacie</a>]
```

通过CSS的类名进行查找,相关代码如下。

```
print(soup.select(".sister"))
 [<a class="sister" href="http://www.tup.tsinghua.edu.cn/elsie" id="link1"
>Elsie</a>,
  <a class="sister" href="http://www.tup.tsinghua.edu.cn/lacie" id="link2"
>Lacie</a>,
  <a class="sister" href="http://www.tup.tsinghua.edu.cn/tillie" id="link3"
>Tillie</a>]
print(soup.select("[class~=sister]"))
 [<a class="sister" href="http://www.tup.tsinghua.edu.cn/elsie" id="link1"
>Elsie</a>,
  <a class="sister" href="http://www.tup.tsinghua.edu.cn/lacie" id="link2"
>Lacie</a>,
  <a class="sister" href="http://www.tup.tsinghua.edu.cn/tillie" id="link3"
>Tillie</a>]
```

通过标签的id进行查找,相关代码如下。

```
print(soup.select("link1"))
 [<a class="sister" href="http://www.tup.tsinghua.edu.cn/elsie" id="link1"
>Elsie</a>]
print(soup.select("alink2"))
 [<a class="sister" href="http://www.tup.tsinghua.edu.cn/lacie" id="link2"
>Lacie</a>]
```

通过是否存在某个属性进行查找,相关代码如下。

```
print(soup.select('a[href]'))
 [<a class="sister" href="http://www.tup.tsinghua.edu.cn/elsie" id="link1"
>Elsie</a>,
  <a class="sister" href="http://www.tup.tsinghua.edu.cn/lacie" id="link2"
>Lacie</a>,
  <a class="sister" href="http://www.tup.tsinghua.edu.cn/tillie" id="link3"
>Tillie</a>]
```

通过属性的值进行查找,相关代码如下。

```
print(soup.select('a[href="http://www.tup.tsinghua.edu.cn/elsie]'))
 [<a class="sister" href="http://www.tup.tsinghua.edu.cn/elsie" id="link1"
>Elsie</a>]
print(soup.select('a[href^="http://www.tup.tsinghua.edu.cn/"]'))
 [<a class="sister" href="http://www.tup.tsinghua.edu.cn/elsie" id="link1"
>Elsie</a>,
  <a class="sister" href="http://www.tup.tsinghua.edu.cn/lacie" id="link2"
>Lacie</a>,
```

```
    <a class="sister" href="http://www.tup.tsinghua.edu.cn/tillie" id="link3"
>Tillie</a>]
print(soup.select('a[href$="tillie"]'))
  [<a class="sister" href="http://www.tup.tsinghua.edu.cn/tillie" id="link3"
>Tillie</a>]
print(soup.select('a[href*=".com/el"]'))
  [<a class="sister" href="http://www.tup.tsinghua.edu.cn/elsie" id="link1"
>Elsie</a>]
```

Beautiful Soup 也支持 CSS 选择器 API。如果仅需要 CSS 选择器的功能，那么直接使用 lxml 即可，而且速度更快。同时，Beautiful Soup 也支持更多的 CSS 选择器语法，Beautiful Soup 整合了 CSS 选择器的语法，方便使用 API。

Beautiful Soup 对文档的解析速度不会比它依赖的解析器更快，如果对计算时间要求很高或者计算机的时间比程序员的时间更宝贵，那么就应该直接使用 lxml。换句话说，Beautiful Soup 用 lxml 作为解析器比用 html5lib 或 Python 内置解析器的速度快很多。安装 cchardet 后，文档的解码、编码检测的速度也会更快。解析部分文档不会节省多少解析时间，但是会省很多内存，并且搜索速度也会变得更快。

3.3 使用 lxml 解析

前面介绍了 Beautiful Soup 的用法，尽管 Beautiful Soup 既支持 Python 标准库中的 HTML 解析器，又支持一些第三方解析器，但还有一些比较流行的解析库，例如 lxml（使用的是 XPath 语法）。lxml 库具有功能更加强大、速度更快的特点。

3.3.1 安装 lxml

Python 标准库中自带了 lxml 模块，但是性能不够好，而且缺乏一些人性化的 API。相比之下，第三方库 lxml 是用 Cython 实现的，而且增加了很多实用的功能，可谓是网络数据采集中处理网页数据的一件利器。lxml 的大部分功能都存放于 lxml.etree 中。安装 lxml 的命令如下。

```
#pip install lxml
```

也可以使用 easy_install 工具下载 lxml 模块。Python 在 3.x 版本之后集成了 pip、easy_install 等工具，可以直接下载 Python 所需的模块。但如果使用的是 Python 3.4.3，那么当使用 pip 下载 lxml 时，就会出现各种依赖问题。

3.3.2 XPath 语言

XPath 是一门在 XML 文档中查找信息的语言。XPath 可以用来在 XML 文档中对元素和属性进行遍历，是 W3C XSLT 标准的主要元素，下面介绍节点关系和选取节点的操作。

(1) 节点关系

① 父(Parent)。每个元素和属性都有一个父。在下面的例子中,book 元素是 title、author、year 以及 price 元素的父。

```
<book>
  <title>Harry Potter</title>
  <author>J K. Rowling</author>
  <year>2019</year>
  <price>29.99</price>
</book>
```

② 子(Children)。元素节点可有零个、一个或多个子。在下面的例子中,title、author、year 以及 price 元素都是 book 元素的子。

```
<book>
  <title>Harry Potter</title>
  <author>J K. Rowling</author>
  <year>2019</year>
  <price>29.99</price>
</book>
```

③ 同胞(Sibling)。同胞指拥有相同的父节点的元素,在下面的例子中,title、author、year 以及 price 元素都是同胞。

```
<book>
  <title>Harry Potter</title>
  <author>J K. Rowling</author>
  <year>2019</year>
  <price>29.99</price>
</book>
```

(2) 选取节点

XPath 使用路径表达式在 XML 文档中选取节点。节点是通过路径或者 step 选取的。表 3-4 列出了最常用的路径表达式。

表 3-4 XPath 参数表

表 达 式	描 述
nodename	选取此节点的所有子节点
/	从根节点选取
//	从匹配选择的当前节点选择文档中的节点,而不考虑它们的位置
.	选取当前节点

续表

表 达 式	描 述
..	选取当前节点的父节点
@	选取属性

表 3-5 列出了一些路径表达式以及表达式的结果。

表 3-5 路径表达式及其结果表

路径表达式	结 果
bookstore	选取 bookstore 元素的所有子节点
/bookstore	选取根元素 bookstore。注释：假如路径起始于正斜杠(/)，则此路径始终代表某元素的绝对路径
bookstore/book	选取属于 bookstore 的子元素的所有 book 元素
//book	选取所有 book 子元素，而不管它们在文档中的位置
bookstore//book	选择属于 bookstore 元素后代的所有 book 元素，而不管它们位于 bookstore 之下的什么位置
//@lang	选取名为 lang 的所有属性

3.3.3 使用 lxml

可以利用 lxml 解析 HTML 代码，先通过一个小例子看一看 lxml 的基本用法。

```
from lxml import etree
text = '''
<div>
    <ul>
        <li class="item-0"><a href="link1.html">first item</a></li>
        <li class="item-1"><a href="link2.html">second item</a></li>
        <li class="item-inactive"><a href="link3.html">third item</a></li>
        <li class="item-1"><a href="link4.html">fourth item</a></li>
        <li class="item-0"><a href="link5.html">fifth item</a>
    </ul>
 </div>
'''
html = etree.HTML(text)
result = etree.tostring(html)
print(result)
```

首先使用 lxml 的 etree 库，其次利用 etree.HTML 初始化，然后将其打印出来。这里体现了 lxml 的一个非常实用的功能，即自动修正 HTML 代码。这里需要注意：最后一个li标签没有对应的尾标签,是不闭合的。不过,因为lxml继承了libxml2的特性,所以它具有自动修正HTML代码的功能,输出结果如下。

```
<html><body>
<div>
    <ul>
        <li class="item-0"><a href="link1.html">first item</a></li>
        <li class="item-1"><a href="link2.html">second item</a></li>
        <li class="item-inactive"><a href="link3.html">third item</a></li>
        <li class="item-1"><a href="link4.html">fourth item</a></li>
        <li class="item-0"><a href="link5.html">fifth item</a></li>
    </ul>
 </div>
</body></html>
```

上述代码不仅补全了li标签,还添加了body和html标签。除了直接读取字符串以外,还支持从文件读取内容,比如新建一个文件hello.html的内容如下。

```
<div>
    <ul>
        <li class="item-0"><a href="link1.html">first item</a></li>
        <li class="item-1"><a href="link2.html">second item</a></li>
        <li class="item-inactive"><a href="link3.html"><span class="bold">third item</span></a></li>
        <li class="item-1"><a href="link4.html">fourth item</a></li>
        <li class="item-0"><a href="link5.html">fifth item</a></li>
    </ul>
 </div>
```

利用parse()方法读取文件。

```
from lxml import etree
html = etree.parse('hello.html')
result = etree.tostring(html, pretty_print=True)
print(result)
```

同样可以得到相同的结果。

lxml是基于libxml2这一XML解析库的Python封装。该模块使用C语言编写,解析速度比Beautiful Soup更快,不过安装过程也更为复杂。最新的安装说明可以参考http://lxml.de/installation.html。和Beautiful Soup一样,使用lxml模块的第一步也是将有可能不合法的HTML解析为统一格式。下面是使用该模块解析同一个不完整HTML的例子。

```
import lxml.html
broken_html='<ulclass=country><li>Area<li>Population</ul>'
tree=lxml.html.fromstring(broken_html)        //parsetheHTML
fixed_html=lxml.html.tostring(tree,pretty_print=True)
print fixed_html
<ul class="country">
<li>Area</li>
<li>Population</li>
</ul>
```

lxml 也可以正确解析属性两侧缺失的引号并闭合标签,不过不会额外添加<html>和<body>标签。解析完输入内容后,进入选择元素的步骤,此时 lxml 有几种不同的方法,比如 XPath 选择器和类似 Beautiful Soup 的 find() 方法。不过,在本例和后续示例中将会使用 CSS 选择器,因为它更加简洁,并且能够在解析动态内容时得以复用。此外,一些拥有 jQuery 选择器相关经验的读者也会对其更加熟悉。

下面是使用 lxml 的 CSS 选择器抽取面积数据的示例代码。

```
tree=lxml.html.fromstring(html)
    td=tree.CSSselect("trplaces_area_row>td.w2p_fw")[O]
    area=td.textcontent()
print(area244,820squarekilometres)
```

CSS 选择器的关键代码行已被加粗显示,该行代码首先会找到 id 为 places-area-row 的表格行元素,然后选择 class 为 w2p-fw 的表格数据子标签。

CSS 选择器表示选择元素使用的模式。下面是一些常用的选择器示例。

```
选择所有标签:*
选择<a>标签:a
选择所有 class="link"的元素:.link
选择 class="link"的<a>标签:a.link
选择 id="home"的<a>标签:a.home
选择父元素为<a>标签的所有<span>子标签:a.span
选择<a>标签内部的所有<span>标签:a.span
选择 title 属性为"Home"的所有<a>标签:a[title=Home]X
```

需要注意的是,在 lxml 的内部实现中,实际上是将 CSS 选择器转换为等价的 XPath 选择器。

3.4 解析方法的优缺点对比

表 3-6 列出了主要的解析器以及它们的优缺点。

表 3-6 不同解析器的优缺点对比

解析器	使用方法	优势	劣势
Python 标准库	Beautiful Soup（markup,"html.parser"）	Python 的内置标准库，执行速度适中，文档容错能力强	Python 2.7.3 或 Python 3.2.2 之前的版本文档容错能力差
lxml HTML 解析器	Beautiful Soup(markup,"lxml")	速度快，文档容错能力强	需要安装 C 语言库
lxml XML 解析器	Beautiful Soup(markup,["lxml","xml"]) Beautiful Soup(markup,"xml")	速度快，是唯一支持 XML 的解析器	需要安装 C 语言库
html5lib	Beautiful Soup(markup,"html5lib")	具备目前最好的容错性，以浏览器的方式解析文档，生成 HTML 5 格式的文档	速度慢，不依赖外部扩展

推荐使用 lxml 作为解析器，因为其效率较高，不过 Python 2.7.3 和 Python 3.2.2 之前的版本必须安装 lxml 或 html5lib，这是因为这些 Python 版本的标准库中内置的 HTML 解析方法不够稳定。

3.5 实验2：使用正则表达式解析采集的网页

本实验使用正则表达式完成对目标网站 HTML 标签的爬取，实现网页的采集和解析。

3.5.1 目标网站分析

在浏览器中输入目标网站的地址，在搜索输入框中输入关键词"大数据工程师"，可以得到相应的搜索结果页面，如图 3-4 所示。

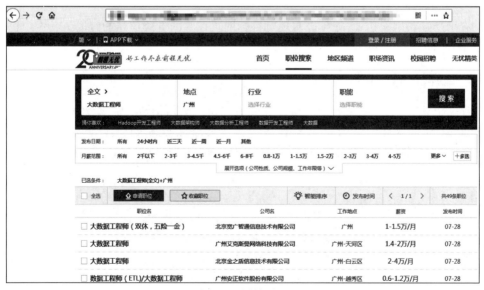

图 3-4 网站页面

打开搜索页面并右击,在弹出的快捷菜单中选择"查看元素"选项,在弹出的对话框中选中需要查看的位置,在查看器中可以看到相应位置的标签内容,可以看到搜索结果中罗列了"职位名""公司名""工作地点""薪资""发布时间"的标签,如图3-5所示。

图3-5 在查看器中获取HTML标签

根据上述显示的标签格式查找相似内容,就可以总结出它们的共同特征,将它们全部提取出来,因此,上面的网页中的标签就可以得到这样一个正则表达式:

reg = re.compile(r'class="t1 ">.*?<a target="_blank" title="(.*?)".*?<span class="t2"><a target="_blank" title="(.*?)".*?<span class="t3">(.*?)</span>.*?<span class="t4">(.*?)</span>.*?<span class="t5">(.*?)</span>',re.S)

有了上述正则表达式,就可以实现对目标网页标签的有效信息的爬取。其中,首先需要Python提供re模块。

3.5.2 编写代码

根据上述分析,可以在Pycharm中新建py文件,利用正则表达式获取目标网站的相关信息,就可以设计网络数据采集程序了。在网络数据采集程序中需要导入urllib.request包和re包,然后调用相关的网址和urlopen,详细代码如下。

```
#-*-coding:utf-8-*-
import urllib.request
import re
#获取源码
def get_content(page):
    url ='http://search.51job.com/list/000000,000000,0000,00,9,99,python,2,'+ str(page)+'.html'
```

```python
        a = urllib.request.urlopen(url)              #打开网址
        html = a.read().decode('gbk')                #读取源码并转为 Unicode
        return html
def get(html):
        reg = re.compile(r'class="t1 ">.*?<a target="_blank" title="(.*?)".*?<span class="t2"><a target="_blank" title="(.*?)".*?<span class="t3">(.*?)</span>.*?<span class="t4">(.*?)</span>.*?<span class="t5">(.*?)</span>',re.S)
#匹配换行符
        items=re.findall(reg,html)
        return items
#同时处理多个网页,并将文件下载到本地
for  j in range(1,10):
    print("正在采集第"+str(j)+"页数据...")
    html=get_content(j)                              #调用获取网页源代码
    for i in get(html):
        #print(i[0],i[1],i[2],i[3],i[4])
        with open ('51job.txt','a',encoding='utf-8') as f:
            f.write(i[0]+'\t'+i[1]+'\t'+i[2]+'\t'+i[3]+'\t'+i[4]+'\n')
            f.close()
```

3.5.3 运行结果

运行上述程序代码可以批量采集目标网站中的数据,很好地利用正则表达式抽取出具有相同 HTML 标签结构的字段,然后将其存储到字符串中,最后使用 for 循环逐条下载数据信息。采集得到的网页数据信息内容如图 3-6 所示。

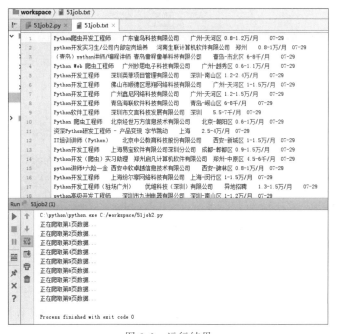

图 3-6　运行结果

3.6 实验 3：使用 Beautiful Soup 解析采集的网页

本实验使用 Beautiful Soup 完成对目标网站 HTML 标签的爬取，实现网页的采集和解析。由于正则表达式过于复杂，一旦写错，就可能找不到指定的内容，因此 Beautiful Soup 中增加了很多用于提取 HTML 标签信息的方法。

3.6.1 目标网站分析

打开"前程无忧"的网站主页，输入 python 进行搜索，如图 3-7 所示。

图 3-7 打开目标网站首页

完成搜索之后，就可以看到网址信息和招聘信息的搜索结果，如图 3-8 所示。

图 3-8 搜索结果

通过查看网址信息，发现网址有些复杂，是不是感觉不方便采集数据？别担心，因为这其实可能是开发者故意干扰我们的,经过分析可以看到真正的有效网址为 http://search.51job.com/list/000000,000000,0000,00,9,99,python,2,1.html。

然后翻到第二页,如图3-9所示。

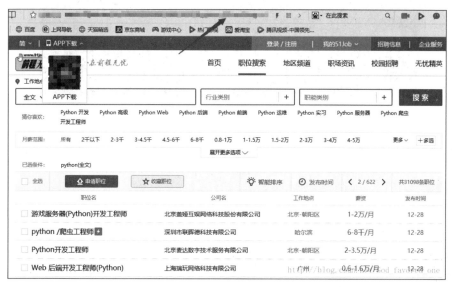

图3-9 翻页

经过分析可知,网址参数仅仅改变了数字,而其对应的网址为 http://search.51job.com/list/ 000000,000000,0000,00,9,99,python,2,2.html。

以此类推,以后的网页都可以通过改变一个参数得到。右击并在弹出的快捷菜单中选择"查看元素"选项,检查可以得到的对应网页的位置,如图3-10所示。

图3-10 查看网页标签

3.6.2 编写代码

在使用Beautiful Soup解析网页时,可以利用xlwt组件创建Excel文档并写入数据,安装步骤和方法如图 3-11 所示。

图 3-11 安装 xlwt 组件

在 Pycharm 中新建 Python 文件，然后运行此程序，详细代码如下。

```
import requests
from bs4 import   Beautiful Soup
import xlwt                                    #用来创建 Excel 文档并写入数据
headers={
'User-Agent':'Mozilla/5.0 (Windows NT 10.0; WOW64) AppleWebKit/537.36 (KHTML, like Gecko) Chrome/62.0.3202.75 Safari/537.36'
}
def get_html():
    k=1                                         #参数 k 代表存储的 Excel 工作表的行数
    wb = xlwt.Workbook()                        #创建工作簿
    f = wb.add_sheet("招聘信息")                 #创建工作表
    #下方的循环是将 Excel 工作表中的第一行固定。Excel 工作表第一行的前五列分别对应职位、公司、工作地点、薪水、发布日期
    raw = ['职位', '公司', '工作地点', '薪水', '发布日期']
    for i in range(len(raw)):
        f.write(0, i, raw[i])
        #在 write()函数中,第一个参数表示存储到多少行;第二个参数表示存储到多少列;第三个参数代表存储到对应行列的值
url='http://search.51job.com/list/000000,000000,0000,00,9,99,python,2,{}.html'
    try:
        for page in range(12):                  #解析前 11 页
            res = requests.get(url.format(page))
            res.encoding = 'gbk'
            if res.status_code == 200:
                soup = Beautiful Soup(res.text, 'lxml')
                t1 = soup.select('.t1 span a')
                t2 = soup.select('.t2 a')
                t3 = soup.select('.t3')
                t4 = soup.select('.t4')
                t5 = soup.select('.t5')
```

```python
            for i in range(len(t2)):
                job = t1[i].get('title')        #获取职位
                href = t2[i].get('href')        #获取链接
                company = t2[i].get('title')    #获取公司名
                location = t3[i+1].text         #获取工作地点
                salary = t4[i+1].text           #获取薪水
                date = t5[i+1].text             #获取发布日期
                print(job + " " + company + " " + location + " " + salary + " " + date + " " + href)
                f.write(k,0,job)
                f.write(k,1,company)
                f.write(k,2,location)
                f.write(k,3,salary)
                f.write(k,4,date)
                k+=1                            #每存储一行,k值加1
        wb.save('招聘.csv')                      #写完后调用save()方法进行保存
    except TimeoutError:
        print("请求失败")
        return None
if __name__=='__main__':
    get_html()
```

3.6.3 运行结果

上述代码的运行结果如图 3-12 所示。

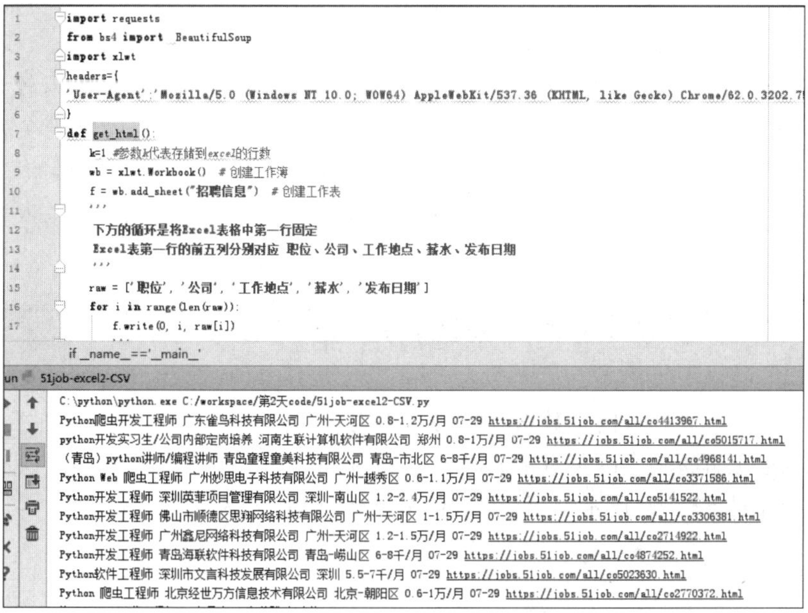

图 3-12 Python 运行结果

然后，打开 Pycharm 中的“招聘.csv”文件并右击，在弹出的快捷菜单中依次选择 file encoding→gbk，就可以用 Excel 打开所创建并写入数据的文件，如图 3-13 所示。

A1 职位

	A	B	C	D	E
1	职位	公司	工作地点	薪水	发布日期
2	Python爬虫	广东雀鸟科	广州-天河[	0.8-1.2万/	07-29
3	python开发	河南生联计	郑州	0.8-1万/月	07-29
4	（青岛）py	青岛童程童	青岛-市北[	6-8千/月	07-29
5	Python We	广州妙思电	广州-越秀[	0.6-1.1万/	07-29
6	Python开发	深圳英菲项	深圳-南山[	1.2-2.4万/	07-29
7	Python开发	佛山市顺德	广州-天河[	1-1.5万/月	07-29
8	Python开发	广州鑫尼网	广州-天河[	1.2-1.5万/	07-29
9	Python开发	青岛海联软	青岛-崂山[	6-8千/月	07-29
10	Python软件	深圳市文言	深圳	5.5-7千/月	07-29
11	Python 爬虫	北京经世万	北京-朝阳[	0.6-1万/月	07-29
12	资深Pytho	字节跳动	上海	2.5-4万/月	07-29
13	IT培训讲师	北京中公教	西安-新城[	1-1.5万/月	07-29
14	Python开发	上海易宝软	成都-郫都[	0.9-1.5万/	07-29
15	Python开发	郑州启凡计	郑州-中原[	4.5-6千/月	07-29
16	python讲师	西安中软卓	西安-碑林[	0.8-1万/月	07-29
17	Python开发	上海纷尔享	上海-闵行[	1-1.5万/月	07-29
18	Python开发	优维科技（	异地招聘	1.3-1.5万/	07-29
19	python高级	深圳市九洲	深圳-南山[	1-1.2万/月	07-29
20	Python 人工	北京智联友	广州-番禺[	4.5-6千/月	07-29
21	招爬虫--Py	湖南家边购	长沙-开福[	1-1.5万/月	07-29

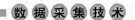

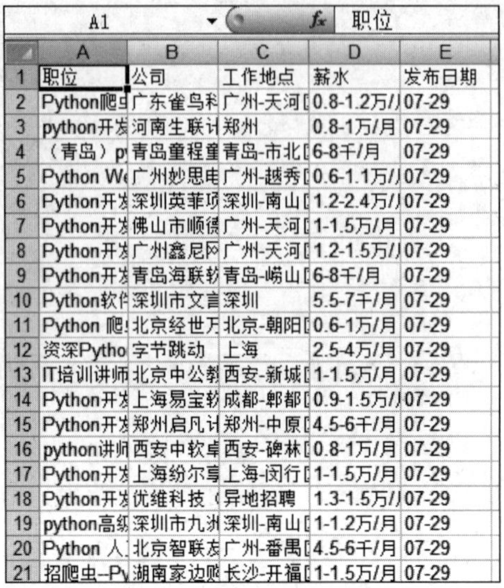

图 3-13　采集得到的结果

由于硬件条件的区别，不同计算机的执行结果也会存在一定差异。不过，每种方法之间的相对差异应是相当的。从结果中可以看出，在爬取示例网页时，Beautiful Soup 比其他两种方法慢了超过 6 倍之多。实际上这一结果是符合预期的，因为 lxml 和正则表达式模块都是用 C 语言编写的，而 Beautiful Soup 则是用 Python 编写的。一个有趣的事实是，lxml 表现得和正则表达式差不多好。由于 lxml 在搜索元素之前必须将输入解析为内部格式，因此会产生额外的开销。而当爬取同一网页的多个特征时，这种初始化解析产生的开销就会降低，lxml 也就更具竞争力。

如果网络数据采集的瓶颈是下载网页，而不是抽取数据，那么使用较慢的方法（如 Beautiful Soup）也不成问题。如果只需要爬取少量数据，并且想避免额外的依赖，那么正则表达式可能更加合适。不过，通常情况下 lxml 是爬取数据的最好选择，这是因为该方法既快速又健壮，而正则表达式和 Beautiful Soup 只在某些特定场景下有用。

本章小结

本章介绍了几种爬取网页数据的方法。正则表达式在一次性数据爬取中非常有用，此外还可以避免解析整个网页带来的时间开销；Beautiful Soup 提供了更高层次的接口，同时还能避免过度依赖；通常情况下 lxml 是最佳选择，因为它的速度更快，功能也更加丰富。

习 题

1. 选择题

(1) 以下哪个是不合法的 HTTP URL？
  A. http://223.252.199.7/course/BIT-1001871002#/
  B. news.sina.com.cn:80
  C. http://dwz.cn/hMvN8
  D. https://210.14.148.99/

(2) 在 Requests 库的 get() 方法中，能够定制向服务器提交 HTTP 请求头的参数是什么？
  A. data   B. cookies   C. headers   D. json

(3) 在 Requests 库的 get() 方法中，timeout 参数用来约定请求的超时时间，请问该参数的单位是什么？
  A. 分钟   B. 微秒   C. 毫秒   D. 秒

2. 问答题

(1) Python 实现 HTTP 请求有哪些方法？

(2) 编写 XPath 实例测试代码，分别获取所有 li 标签、li 标签的所有 class、li 标签下 href 为 link1.html 的 a 标签、li 标签下的所有 span 标签。

存储采集到的数据

学习目标:
- 了解存储采集得到的数据的方法;
- 掌握 HTML 数据抽取的相关知识;
- 熟悉将数据存储到 MySQL 数据库的方法;
- 寻找更适合数据采集的存储方法。

前面章节中的网络数据采集都是直接把采集到的数据打印出来,在实际应用中当然不能这么做,而是需要将数据存储起来。存储数据的方式有很多种,如存储在文本文件或数据库中。为了更便捷地使用数据,这里选择将数据存储在数据库中。主流的两种数据库类型为 SQL(关系数据库)和 NoSQL(非关系数据库),在此选择使用比较广泛的 MySQL 和 MongoDB 进行讲解。

4.1 HTML 正文抽取

HTML 正文的抽取存储主要是指将 HTML 文档的主要组成元素抽取出来。HTML 正文存储为两种格式:JSON 和逗号分隔符(Comma-Separated Values,CSV)。以一个小说阅读网为例,HTML 正文抽取就是指抽取标题、章节、章节名称和链接。

首先需要说明的是,这是一个静态网站,标题、章节、章节名称都不是由 JavaScript 动态加载的,这是以下工作的前提。

这个例子使用前面介绍的 Beautiful Soup 和 lxml 两种方式进行解析抽取,力求将之前的知识灵活运用。

4.1.1 存储为 JSON 格式

首先使用 Requests 访问清华大学出版社官网,获取 HTML 文档内容并打印,相关代码如下:

```
import requests
User_agent='Mozila/4.0(compatible;Windows NT'
Headers={'User-Agent':User_agent}
r=requests.get('http://www.tup.tsinghua.edu.cn/',headers=Headers)
print(r.text)
```

运行上述代码,得到的运行结果如图 4-1 所示。

图 4-1 运行结果

接着分析网站首页的 HTML 结构,确定要抽取的标签的位置,分析如下:标题、作者、简介都被包含在＜div class＝"book-info"＞标签下,如图 4-2 所示。

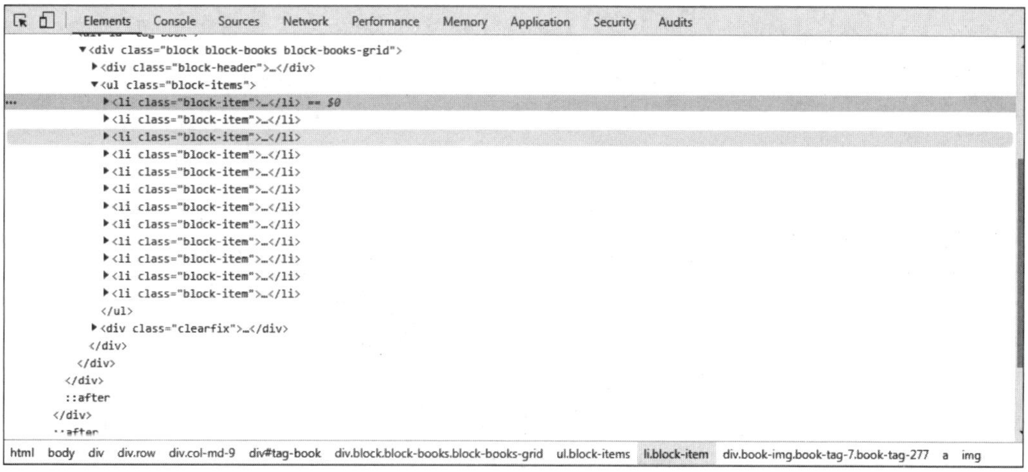

图 4-2 HTML 结构分析

通过上述分析,接下来就可以进行编码了,代码示例如下。

```
from bs4 import BeautifulSoup
import requests
User_agent='Mozila/4.0(compatible;Windows NT'
Headers={'User-Agent':User_agent}
r = requests.get('http://www.tup.tsinghua.edu.cn/tag/details/7',headers=Headers)
Soup=BeautifulSoup(r.text,'lxml')#html.parser
for list in Soup.find_all(class_="book-info"):
    a = list.find('a')
    if a != None:
```

```
author = list.find(class_="author").find("span").string    #获取作者
intro = list.find(class_="intro").string                   #获取简介
href = a.get('href')                                       #获取链接
list_title = a.get('title')                                #获取标题
print(href, list_title, author, intro)
```

运行上述代码,便可以成功获取标题、作者、简介。接下来是将相关数据存储为 JSON 文件格式。

Python 对 JSON 文件的操作分为编码和解码。编码的过程是把 Python 对象转换为 JSON 对象的过程,常用的两个函数是 dumps 和 dump,这两个函数的唯一区别就是 dump 把 Python 对象转换成 JSON 对象,并将 JSON 对象通过 fp 文件流写入文件,而 dumps 则是生成了一个字符串。下面看一看 dumps 和 dump 函数的原型,示例如下。

```
def dumps(obj,skipkeys=False,ensure_ascii=True,check_circular=True,allow_nan=True,cls=None,indent=None,separators=None,default=None,sort_keys=False,**kw):
def dump(obj,fp,skipkeys=False,ensure_ascii=True,check_circular=True,allow_nan=True,cls=None,indent=None,separators=None,default=None,sort_keys=False,**kw):
```

上述代码中,两个函数的参数需要注意的事项如下。

① obj:字符串表示的 JSON 对象。

② skipkeys:默认值是 False,如果 dict 对象的 key 不是 Python 的基本类型(str、unicode、int、long、float、bool、None),则在 Skipkeys 被设置为 False 时,系统会报 TypeError 错误;此时若将 Skipkeys 设置成 True,则会跳过这类 key。

③ ensure_ascii:当它为 True 时,所有非 ASCII 码的字符显示为\u 序列,只需要在 dump 时将 ensure_ascii 设置为 False 即可,此时存入 JSON 对象的中文即可正常显示;对 dumps 函数中的其他参数进行调整,也可以输出中文,示例如下。

```
import json
data = {'username':'李华','sex':'male','age':16}
json_dic2 = json.dumps(data,sort_keys=True,indent=4,separators=(',',':'),ensure_ascii=False)
print(json_dic2)
{
    "username":"李华",
    "sex":"male",
    "age":16
}
```

输出结果如下所示。

```
[("username":"李华","sex":male,"age":16)]
```

编码过程是把 JSON 对象转换成 Python 对象的过程，常用的两个函数是 load 和 loads，用法和 dump 和 dumps 相同，示例如下。

```
new_str=json.loads(json_str)
print(new_str)
with open('qiye.txt','r')as fp;
print(json.load(fp))
```

输出结果如下所示。

```
[{u'username';u'\u4e03\u591c',u'age';24},(2,3),1]
[{u'username';u'\u4e03\u591c',u'age';24},(2,3),1]
```

以上就是 Python 操作 JSON 的全部内容，接下来将提取到的标题、章节和链接进行 JSON 存储，完整代码如下。

```
import json
from bs4 import BeautifulSoup
import requests
User_agent='Mozila/4.0(compatible;Windows NT'
Headers={'User-Agent':User_agent}
r=requests.get('http://www.tup.tsinghua.edu.cn/tag/details/7',headers=Headers)
Soup=BeautifulSoup(r.text,'lxml')#html.parser
content=[]
for list in Soup.find_all(class_="book-info"):
    a = list.find('a')
    lists = []
    if a != None:
        author = list.find(class_="author").find("span").string    #获取作者
        intro = list.find(class_="intro").string                    #获取简介
        href = a.get('href')                                        #获取链接
        list_title = a.get('title')                                 #获取标题
        #print(href, list_title,author,intro)
        lists.append({'href': href, 'author': author,'intro':intro})
        content.append({'title': list_title, 'content': lists})
with open('qiye.json', 'w')as fp:
    json.dump(content, fp=fp, indent=4)
```

运行上述代码后得到 JSON 格式的文件，如图 4-3 所示。

图 4-3　得到 JSON 格式的文件

4.1.2　存储为 CSV 格式

CSV 是存储表格数据的常用文件格式。Microsoft Excel 和很多其他应用都支持 CSV 格式，因为它很简洁。下面就是一个 CSV 文件的例子。

```
fruit,cost
apple,1.00
banana,0.30
pear,1.25
```

和 Python 一样，CSV 中的留白（white space）也是很重要的：每一行都用一个换行符分隔，列与列之间用逗号分隔（因此也称"逗号分隔值"）。CSV 文件还可以用 Tab 字符或其他字符分隔行，但是不太常见，用得不多。如果只想从网页上把 CSV 文件下载到计算机，不打算做任何解析和修改，只要用上一节介绍的文件下载方法下载并保存为 CSV 格式即可。Python 的 CSV 库可以非常简单地修改 CSV 文件，甚至可以从零开始创建一个 CSV 文件，示例如下。

```
import csv
csvFile=open("test.csv",'w+')
try:
    writer=csv.writer(csvFile)
    writer.writerow(('number','number plus 2','number times 2'))
    for i in range(10):
        writer.writerow((i,i+2,i*2))
finally:
    csvFile.close()
```

注意：Python 新建文件的机制非常周到（bullet-proof）：如果文件不存在，则 Python 会自动创建文件（不会自动创建文件夹）；如果文件已经存在，则 Python 会用新的数据覆盖 test.csv 文件。上述代码运行完成后，会看到如下 CSV 文件。

```
number,number plus 2,number times 2
0,2,0
1,3,2
2,4,4
…
```

网络数据采集的一个常用功能就是获取 HTML 表格并写入 CSV 文件。如果一个表格中用到了许多复杂的 HTML 表格，或者颜色、链接、排序，以及其他在写入 CSV 文件之前需要忽略的 HTML 元素，那么通过 Beautiful Soup 和 get_text 函数可以用十几行代码完成这件事，具体代码如下。

```
import csv
from urllib.request import urlopen
from bs4 import BeautifulSoup
html = urlopen("http://www.tup.tsinghua.edu.cn/article/111")
bsObj = BeautifulSoup(html,'html.parser')
#主对比表格是当前页面上的第一个表格
table = bsObj.findAll("table",{"class":""})[0]
rows = table.findAll("tr")
csvFile = open("files/editors.csv", 'wt', newline='', encoding='utf-8')
writer = csv.writer(csvFile)
try:
    for row in rows:
        csvRow = []
        for cell in row.findAll(['td', 'th']):
            csvRow.append(cell.get_text())
        writer.writerow(csvRow)
finally:
    csvFile.close()
```

这个程序会在程序目录的 files 文件夹中生成一个 CSV 文件（files/editors.csv）。

4.2　MySQL 数据库

MySQL（官方发音是 My es-kew-el，但很多人都读作 My Sequel）是目前最受欢迎的开源关系数据库管理系统。一个开源项目具有如此竞争力实在是令人意外，它的流行程度正在不断接近另外两个闭源的商业数据库系统：微软的 SQL Server 和甲骨文的 Oracle 数据库（MySQL 在 2010 年被甲骨文收购）。对大多数应用来说，MySQL 都是不二选择，它是一种非常灵活、稳定、功能齐全的数据库管理系统（Database Management System，DBMS），许多网站都在使用它，如 YouTube、Twitter 和 Facebook 等。因为 MySQL 受众广泛、免费、开箱即用，所以它也是网络数据采集项目中常用的数据库。

4.2.1 安装 MySQL

由于 MySQL 的安装文件较大且配置过程稍显烦琐，因此本书推荐在普通环境下使用集成包，如 USBWebserver。

USBWebserver 是一款"傻瓜"式的在本地计算机中快速架设超文本预处理器（Personal home page Hypertext Preprocessor，PHP）网站环境的工具，它的最大特色是纯绿色便携，可以直接放在 U 盘里随处运行；它集成了 Apache（httpd）、PHP、MySQL 及 PHPMyAdmin 等组件，这里使用它的 MySQL 组件即可，安装界面如图 4-4 所示。

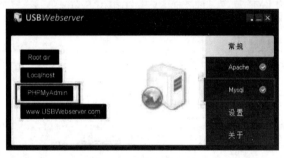

图 4-4　安装 MySQL

打开程序后，看到 MySQL 运行成功，就可以打开 PHPMyAdmin，如图 4-5 所示。

图 4-5　MySQL 登录

单击"执行"按钮,进入控制界面,如图4-6所示。

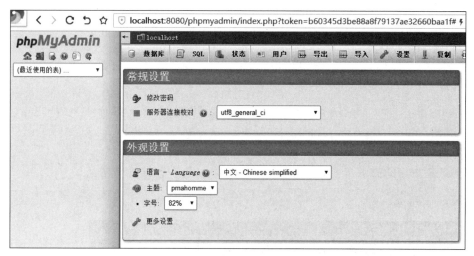

图 4-6　MySQL 管理

可以在 MySQL 管理界面中创建数据库和数据表。

① 进入数据库(命令行直接输入 mysql 即可进入数据库)。

mysql -uroot -p

输入上面命令后会提示输入密码,输入密码即可(WAMPSEVER 中的默认密码为空,即直接按 Enter 键即可)

② 查看当前所有数据库。

show databases;

输入上述命令后,在 Windows 系统的命令窗口中会展示当前数据库。

③ 创建自己想要创建的数据库(例如创建一个名为 myscrape 的数据库),创建成功的命令和图片如下,也可以通过步骤②查看。

create database myscrape;

④ 创建完毕后，使用数据库。

use myscrape;

```
mysql> use myscrape
Database changed
```

⑤ 在 myscrape 数据库中创建数据表。

create table pages (id bigint(7) not null AUTO_INCREMENT, title VARCHAR(200), content VARCHAR(10000), created TIMESTAMP DEFAULT CURRENT_TIMESTAMP, PRIMARY KEY (id));

⑥ 创建成功的提示与上面的相同，创建成功后，查看数据表结构。

describe pages;

⑦ 上面创建的表只是一个空表，需要向其中插入数据（只插入 title 和 content 这两个内容）。

insert into pages (title, content) values ("Test page title", "This is some test page content. It can be up to 10000 characters long.");

⑧ 查看创建的内容。

select * from pages;

```
mysql> select * from pages;
+----+-----------------+--------------------------------------------------------+---------------------+
| id | title           | content                                                | created             |
+----+-----------------+--------------------------------------------------------+---------------------+
|  1 | Test page title | This is some test page content. It can be up to 10000 characters long. | 2017-02-08 15:51:20 |
+----+-----------------+--------------------------------------------------------+---------------------+
1 row in set (0.00 sec)
```

4.2.2 与 Python 整合

Python 没有内置支持 MySQL 的工具。不过，有很多开源库可以用来与 MySQL 交互，Python 2.x 和 Python 3.x 版本都支持，其中最有名的一个库就是 PyMySQL。目前，PyMySQL 的版本是 0.6.2，可以用下面的命令下载并安装。

```
#cd PyMySQL-PyMySQL-f953785/
#python setup.py install
```

如果需要更新,则需要检查最新的 PyMySQL 版本号,据此版本号修改上述代码第 1 行下载链接中的版本号。安装完成后,就可以使用 PyMySQL 包了。如果 MySQL 服务器处于运行状态,则可以成功执行下面的命令(记得把 root 账户和密码加进去)。

```
import pymysql
conn=pymysql.connect(host='47.107.232.248',user='root',passwd='123456',db='MySQL')
cur=conn.cursor()
cur.execute("USE myscrape")
cur.execute("SELECT * FROM pages WHERE id=1")
print(cur.fetchone())
cur.close()
conn.close()
```

这段程序有两个对象:连接对象(conn)和光标对象(cur)。连接/光标模式是数据库编程中的常用模式。不过在刚接触数据库时,有些用户很难区分这两种模式。连接模式除了要连接数据库之外,还要发送数据库信息、处理回滚操作(当一个查询或一组查询被中断时,数据库需要回到初始状态,一般用事务控制手段实现状态回滚)、创建新的光标对象等。而一个连接可以有多个光标。一个光标跟踪一种状态(state)信息,比如跟踪数据库的使用状态。如果有多个数据库且需要向所有数据库写内容,就需要多个光标处理。光标还会包含最后一次查询执行的结果。通过调用光标函数,如 cur.fetchone(),可以获取查询结果。

使用完光标和连接之后,千万要记得把它们关闭。如果不关闭,就会导致连接泄漏(Connection Leak),造成一种未关闭连接的现象,即连接已经不再使用。但是数据库却不能关闭,因为数据库不能确定用户还要不要继续使用它。这种现象会一直耗费数据库的资源,所以使用完数据库之后要记得关闭连接。

刚开始,用户最想做的事情可能就是把采集结果保存到数据库。这里用前面的维基百科网络数据采集的例子演示如何实现数据存储。在进行网络数据采集时,处理 Unicode 字符串是很痛苦的事情。默认情况下,MySQL 也不支持 Unicode 字符。不过可以设置这个功能(这样做会增加数据库的占用空间)。因为在维基百科上难免会遇到各种各样的字符,所以最好一开始就让数据库支持各个字符,示例如下。

```
Unicode:
ALTER DATABASE myscrape CHARACTER SET=utf8mb4 COLLATE=utf8mb4_unicode_ci;
ALTER TABLE pages CONVERT TO CHARACTER SET utf8mb4 COLLATE utf8mb4_unicode_ci;
ALTER TABLE pages CHANGE title title VARCHAR(200) CHARACTER SET utf8mb4 COLLATE utf8mb4_unicode_ci;
ALTER TABLE pages CHANGE content content VARCHAR(10000) CHARACTER SET utf8mb4 CO
LLATE utf8mb4_unicode_ci;
```

这几行语句改变的内容有:数据库、数据表,以及两个字段的默认编码都从 utf8mb4

（严格说来也属于 Unicode，但是对大多数 Unicode 字符的支持都非常不好）转变成 utf8mb4_unicode_ci。可以在 title 或 content 字段中插入一些德语变音符（umlauts）或汉语字符，如果没有错误就表示转换成功。现在，数据库已经准备好接收图书数据了，可以使用下面的程序存储数据。

```
#采集页面                                              #采集页面存储到数据库中
from urllib.request import urlopen
import pymysql
from bs4 import BeautifulSoup
conn = pymysql.connect(host='47.107.232.248', user='root', passwd='123456',
db='mysql', charset='utf8')
cur = conn.cursor()
cur.execute("use myscrape")
finalURL = '/tag/books/7?page='
def store(title, content):
    cur.execute("insert into pages(title,content) values (\"%s\",\"%s\")",
(title, content))
    cur.connection.commit()
def spider_page(articleUrl):
    html = urlopen("http://www.tup.tsinghua.edu.cn/" + articleUrl)
    bsObj = BeautifulSoup(html, "html.parser")
    for list in bsObj.find_all(class_="book-info"):
        a = list.find('a')
        if a != None:
            content = list.find(class_="intro").string    #获取简介
            title = a.get('title')                        #获取标题
            store(title, content)
    return
try:
    for i in range(35):
        finallyURL = finalURL + str(i)
        print(finallyURL)
        spider_page(finallyURL)
finally:
    cur.close()
    conn.close()
```

这里有以下几个注意事项。

① "charset='utf8'" 要增加到连接字符串中，目的是让连接 conn 把所有发送到数据库的信息都当成 UTF-8 编码格式（当然，前提是数据库的默认编码已设置成 UTF-8）。

② store 函数。它有两个参数，分别为 title 和 content，其把这两个参数加到一个 INSERT 语句中并用光标执行，然后用光标进行连接确认。这是一个让光标与连接操作分离的例子。当光标里存储了一些数据库与数据库上下文（context）的信息时，需要通过

连接的确认操作先将信息传入数据库,再将信息插入数据库。

③ finally 语句在程序主循环的外面、代码的最底下。这样做可以保证无论程序在执行过程中发生何种中断或抛去何种异常(当然,因为网络很复杂,所以要随时准备遭遇异常),光标和连接都会在程序结束前立即关闭。无论是在采集网络还是处理一个打开连接的数据库时,使用 try…finally 语句都是一个好的选择。

虽然 PyMySQL 的规模并不大,但是它有一些非常实用的函数,本书并没有介绍,具体请参考 Python 的 DBAPI 标准文档。

4.2.3 在网络数据采集中使用 MySQL

创建数据库:

create database xinwen;

创建数据表并定义字段 id 和 book:

```
use xinwen;
create table pages (id bigint(7) not null AUTO_INCREMENT, title VARCHAR(1000),
newsurl VARCHAR (1000), toutiaon VARCHAR (1000), toutiaourl VARCHAR (1000),
created TIMESTAMP DEFAULT CURRENT_TIMESTAMP, PRIMARY KEY (id));
```

在 Python 中使用 MySQL 有两种方式,分别为对象关系映射(Object Relational Mapping,ORM)框架和数据库模块,在此使用数据库模块 pyMySQL(Python 3)。安装 pyMySQL 的代码如下。

```
#pip install pyMySQL
```

下列代码是采集今日头条的示例。

```
import requests
import json
import time
import hashlib
start_url = 'https://www.toutiao.com/api/pc/feed/?category=news_hot&utm_source=toutiao&widen=1&max_behot_time='
url = 'https://www.toutiao.com'
headers = {
    'user-agent': 'Mozilla/5.0 (Macintosh; Intel Mac OS X 10_12_3) AppleWebKit/537.36 (KHTML, like Gecko) Chrome/71.0.3578.98 Safari/537.36'
}
cookies = {'tt_webid': '6649949084894053895'}
                #此处cookies可从浏览器中查找,这是为了避免被今日头条禁止爬虫
max_behot_time = '0'                        #链接参数
title = []                                  #存储新闻标题
source_url = []                             #存储新闻的链接
```

```python
s_url = []                                      #存储新闻的完整链接
source = []                                     #存储发布新闻的公众号
media_url = {}                                  #存储公众号的完整链接
def get_as_cp():            #该函数主要是为了获取as和cp参数,程序参考今日头条中的加密JS
                            文件:home_4abea46.js
    zz = {}
    now = round(time.time())
    print(now)                                  #获取当前计算机时间
    e = hex(int(now)).upper()[2:]   #hex()方法用来将一个整数对象转换为十六进制的
                                    字符串表示
    print('e:', e)
    a = hashlib.md5()           #hashlib.md5()方法用来创建hash对象并返回十六进制结果
    print('a:', a)
    a.update(str(int(now)).encode('utf-8'))
    i = a.hexdigest().upper()
    print('i:', i)
    if len(e) != 8:
        zz = {'as': '479BB4B7254C150',
              'cp': '7E0AC8874BB0985'}
        return zz
    n = i[:5]
    a = i[-5:]
    r = ''
    s = ''
    for i in range(5):
        s = s + n[i] + e[i]
    for j in range(5):
        r = r + e[j + 3] + a[j]
    zz = {
        'as': 'A1' + s + e[-3:],
        'cp': e[0:3] + r + 'E1'
    }
    print('zz:', zz)
    return zz
def getdata(url, headers, cookies):                         #解析网页函数
    r = requests.get(url, headers=headers, cookies=cookies)
    print(url)
    data = json.loads(r.text)
    return data
def main(max_behot_time, title, source_url, s_url, source, media_url):   #主函数
    for i in range(3):          #此处的数字类似于刷新新闻的次数,正常情况下刷新一次会
                                出现10条新闻,但也存在少于10条的情况;所以最后的结果
                                并不一定是10的倍数
```

```
        ascp = get_as_cp()                              #获取 as 和 cp 参数的函数
        demo = getdata(
            start_url + max_behot_time + '&max_behot_time_tmp=' + max_behot_
time + '&tadrequire=true&as=' + ascp[
            'as'] + '&cp=' + ascp['cp'], headers, cookies)
        print(demo)
        #time.sleep(1)
        for j in range(len(demo['data'])):
            #print(demo['data'][j]['title'])
            if demo['data'][j]['title'] not in title:
                title.append(demo['data'][j]['title'])     #获取新闻标题
                source_url.append(demo['data'][j]['source_url'])
                                                           #获取新闻链接
                source.append(demo['data'][j]['source'])
                                                           #获取发布新闻的公众号
            if demo['data'][j]['source'] not in media_url:
                media_url[demo['data'][j]['source']] = url + demo['data'][j]
['media_url']                                              #获取公众号链接
        print(max_behot_time)
        max_behot_time = str(demo['next']['max_behot_time'])
                                           #获取下一个链接的 max_behot_time 参数的值
        for index in range(len(title)):
            print('标题:', title[index])
            if 'https' not in source_url[index]:
                s_url.append(url + source_url[index])
                print('新闻链接:', url + source_url[index])
            else:
                print('新闻链接:', source_url[index])
                s_url.append(source_url[index])
            #print('源链接:', url+source_url[index])
            print('头条号:', source[index])
            print(len(title))                              #获取的新闻数量
if __name__ == '__main__':
    main(max_behot_time, title, source_url, s_url, source, media_url)
```

上述代码直接使用 print 函数将数据打印出来。

现在使用 pyMySQL 将数据存储到 MySQL 中。此时需要创建数据库 toutiao 和数据表 data。修改的代码如下。

```
#-*-coding:utf-8-*-
import requests
import json
from openpyxl import Workbook
```

```python
import time
import hashlib
import os
import datetime
import pymysql
conn = pymysql.connect(host='47.107.232.248', user='root', passwd='123456', db='mysql', charset='utf8')
cur = conn.cursor()
cur.execute("use xinwen")
start_url = 'https://www.toutiao.com/api/pc/feed/?category=news_hot&utm_source=toutiao&widen=1&max_behot_time='
url = 'https://www.toutiao.com'
headers = {
    'user-agent': 'Mozilla/5.0 (Macintosh; Intel Mac OS X 10_12_3) AppleWebKit/537.36 (KHTML, like Gecko) Chrome/71.0.3578.98 Safari/537.36'
}
cookies = {'tt_webid': '6649949084894053895'}        #此处cookies可从浏览器中查找,这是为了避免被今日头条禁止爬虫
max_behot_time = '0'                                 #链接参数
title = []                                           #存储新闻标题
source_url = []                                      #存储新闻的链接
s_url = []                                           #存储新闻的完整链接
source = []                                          #存储发布新闻的公众号
media_url = {}                                       #存储公众号的完整链接
def get_as_cp():    #该函数主要是为了获取as和cp参数,程序参考今日头条中的加密JS
                    # 文件:home_4abea46.js
    zz = {}
    now = round(time.time())
    print(now)                                       #获取当前计算机时间
    e = hex(int(now)).upper()[2:]   #hex()方法用来将一个整数对象为十六进制的字符
                                    # 串表示
    print('e:', e)
    a = hashlib.md5()       #hashlib.md5()方法用来创建hash对象并返回十六进制结果
    print('a:', a)
    a.update(str(int(now)).encode('utf-8'))
    i = a.hexdigest().upper()
    print('i:', i)
    if len(e) != 8:
        zz = {'as': '479BB4B7254C150',
              'cp': '7E0AC8874BB0985'}
        return zz
    n = i[:5]
    a = i[-5:]
```

```python
        r = ''
        s = ''
        for i in range(5):
            s = s + n[i] + e[i]
            for j in range(5):
                r = r + e[j + 3] + a[j]
        zz = {
            'as': 'A1' + s + e[-3:],
            'cp': e[0:3] + r + 'E1'
        }
        print('zz:', zz)
        return zz
def getdata(url, headers, cookies):                    #解析网页函数
    r = requests.get(url, headers=headers, cookies=cookies)
    print(url)
    data = json.loads(r.text)
    return data


def store(title, s_url, source, media_url):
    for row in range(2, len(title) + 2):               #将数据写入表格
        cur.execute("insert into pages (title, newsurl, toutiaon, toutiaourl) values (\"%s\",\"%s\",\"%s\",\"%s\")",
                    (title[row - 2], s_url[row - 2], source[row - 2], media_url[source[row - 2]]))
        cur.connection.commit()
def main(max_behot_time, title, source_url, s_url, source, media_url):
                                                        #主函数
    for i in range(3):    #此处的数字类似于刷新新闻的次数,正常情况下刷新一次会出现
10条新闻,但也存在少于10条的情况;所以最后的结果并不一定是10的倍数
        ascp = get_as_cp()                              #获取as和cp参数的函数
        demo = getdata(
            start_url + max_behot_time + '&max_behot_time_tmp=' + max_behot_time + '&tadrequire=true&as=' + ascp[
                'as'] + '&cp=' + ascp['cp'], headers, cookies)
        print(demo)
        #time.sleep(1)
        for j in range(len(demo['data'])):
            #print(demo['data'][j]['title'])
            if demo['data'][j]['title'] not in title:
                title.append(demo['data'][j]['title'])      #获取新闻标题
                source_url.append(demo['data'][j]['source_url'])
                                                        #获取新闻链接
                source.append(demo['data'][j]['source'])  #获取发布新闻的公众号
```

```
            if demo['data'][j]['source'] not in media_url:
                media_url[demo['data'][j]['source']] = url + demo['data'][j]
['media_url']                                                  #获取公众号链接
        print(max_behot_time)
        max_behot_time = str(demo['next']['max_behot_time'])
                                         #获取下一个链接的 max_behot_time 参数的值
        for index in range(len(title)):
            print('标题:', title[index])
            if 'https' not in source_url[index]:
                s_url.append(url + source_url[index])
                print('新闻链接:', url + source_url[index])
            else:
                print('新闻链接:', source_url[index])
                s_url.append(source_url[index])
            #print('源链接:', url+source_url[index])

            print('头条号:', source[index])
            print(len(title))                                  #获取的新闻数量
if __name__ == '__main__':
    try:
        main(max_behot_time, title, source_url, s_url, source, media_url)
        store(title, s_url, source, media_url)
    finally:
        cur.close()
        conn.close()
```

运行上述代码后,数据库中就已经存储了数据,如图 4-7 所示。

最美是人间灯火璀璨 元宵将至看花灯点亮神州大地四海八荒	http://p1.pstatp.com/origin/150c000a6dad283be103	http://toutiao.com/m5739097906
回顾历年明星艺考:刘昊然关晓彤王俊凯林妙可张雪迎谁是学霸?	http://p3.pstatp.com/origin/16aa00039d567ade4411	http://toutiao.com/m5738017030
FIS自由式滑雪世界杯女子空中技巧资格赛:中国选手出战	http://p9.pstatp.com/origin/150e00159266d7dd0e71	http://toutiao.com/m6159306637
注意别拿反了:匈牙利突击步枪的两个握把一模一样	http://p1.pstatp.com/origin/150e001592157c26dd1d	http://toutiao.com/m3995104383
哪里来的妖怪!蕾哈娜绿发吸睛 穿撞色长裙变身靓丽风景线	http://p3.pstatp.com/origin/16ab00039bd4bd613048	http://toutiao.com/m6159077688
冯绍峰继倪妮林允后又恋上郭碧婷?情史大写加粗的丰富!	http://p3.pstatp.com/origin/150d0014a344d7aa458b	http://toutiao.com/m5738017030
林妙可现身中戏报考3个专业 童星初长成笑容甜美自信	http://p3.pstatp.com/origin/150c0008c94bf5d510b8	http://toutiao.com/m5738017030
中国首条空中自行车道试运营 全长7.6公里	http://p1.pstatp.com/origin/150d0014c531ffd4e878	http://toutiao.com/m5757425042
传迪丽热巴加盟新一季《跑男》 Anglebaby暂时退出	http://p3.pstatp.com/large/150e00134977b8937150	http://toutiao.com/m5738017030

图 4-7 运行结果

上述代码与之前的代码相比有以下不同。

① 引入了 pyMySQL 模块,代码如下。

```
import pyMySQL
```

② 建立了一个 MySQL 连接,代码如下。

```
conn=pymysql.connect(host='47.107.232.248', user='root', passwd='123456',
db='mysql', charset='utf8')
```

③ 创建了一个游标 cursor,代码如下。

```
cursor=conn.cursor()
```

④ 执行了一个 SQL 语句,代码如下。

```
cur.execute("insert into pages(title,newsurl,toutiaon,toutiaourl) values
(\"%s\",\"%s\",\"%s\",\"%s\")",
                  (title[row - 2], s_url[row - 2], source[row - 2], media_url
[source[row - 2]]))
```

(5) 提交执行(因为对数据进行和修改,如果只是 select,则不需要),代码如下。

```
conn.commit()
```

⑤ 关闭连接,代码如下。

```
cursor.close()
conn.close()
```

4.3 更适合网络数据采集的 MongoDB

下面介绍 MongoDB 的下载、安装和在数据采集和存储中的应用。

4.3.1 安装 MongoDB

MongoDB 是一个基于分布式文件存储的数据库,使用 C++ 语言编写,旨在为 Web 应用提供可扩展的高性能数据存储解决方案。MongoDB 是一个介于关系数据库和非关系数据库之间的产品,是目前非关系数据库中功能最丰富、最像关系数据库的数据库。下面介绍下载和安装 MongoDB 的方法。

1. 下载 MongoDB

登录 MongoDB 官网,在主页中选择相应的版本,如图 4-8 所示。
下载安装包并解压 tgz 文件(以下演示 64 位 Linux 系统上的安装),示例如下。

```
#tar -zxvf MongoDB-linux-x86_64-3.0.6.tgz            #解压
#mv  MongoDB-linux-x86_64-3.0.6/ /usr/local/MongoDB  #将解压包复制到指定目录
```

MongoDB 的可执行文件位于 bin 目录下,所以可以将其添加到 PATH 路径,示例如下。

```
#export PATH=<MongoDB-install-directory>/bin:$PATH
```

"<MongoDB-install-directory>"为 MongoDB 的安装路径,如本文的"/usr/local/MongoDB"。

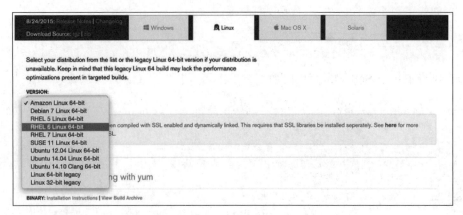

图 4-8　下载页面

2. 安装 MongoDB

首先进入 MongoDB 的 bin 目录，打开命令行窗口，输入"mongod--dbpath＝数据存放路径"，如图 4-9 所示。

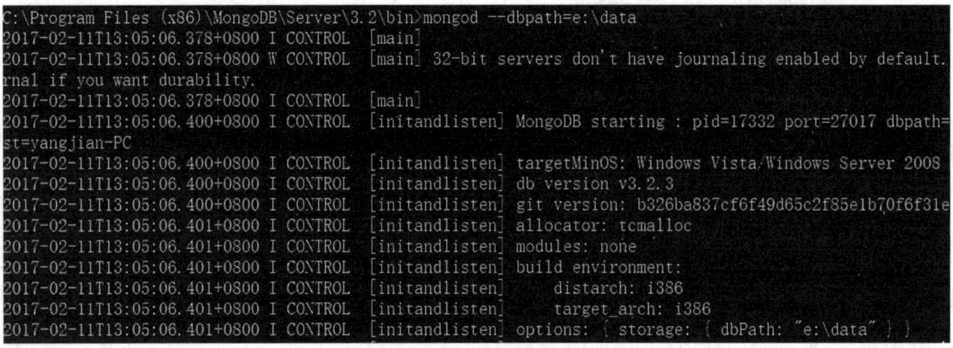

图 4-9　安装 MongoDB

3. 运行 pymongo 命令

该命令的使用格式如下。

```
#pip install pymongo
```

要想检测安装是否成功，可以使用如下命令在本地启动 MongoDB。

```
#mongod -dbpath MongoD
```

然后在 Python 中使用 MongoDB 的默认端口尝试连接 MongoDB，示例如下。

```
from pymongo import MongoClient
client=MongoClient('localhost',27017)
```

4.3.2 MongoDB 基础

传统的关系数据库一般由数据库(database)、表(table)和记录(record)三个层次概念组成,而 MongoDB 由数据库(database)、集合(collection)和文档对象(document)三个层次组成。MongoDB 中的集合对应关系数据库中的表,但是集合中没有列、行和关系的概念,这体现了模式自由的特点。MongoDB 与 SQL 的概念对比如表 4-1 所示。

表 4-1 MongoDB 与 SQL 的概念对比

解释/说明	SQL 术语/概念	MongoDB 术语/概念
数据库	database	database
数据库表/集合	table	collection
数据记录行/文档	row	document
数据字段/域	column	field
索引	index	index
主键	MongoDB 自动将_id 字段设置为主键	primary key

一个 MongoDB 可以建立多个数据库。MongoDB 的默认数据库为 db,该数据库存储在 data 目录中。MongoDB 的单个实例可以容纳多个独立的数据库,每一个都有自己的集合和权限,不同的数据库也放置在不同的文件中,具体如下。

① show dbs 命令可以显示所有数据的列表。

② 执行 db 命令可以显示当前数据库的对象或集合。

③ 使用用户名和密码连接 MongoDB 服务器时,必须使用"username:password@hostname/dbname"的命令格式,其中,username 为用户名,password 为密码。端口默认为 27017。

MongoDB 数据库的实际操作方法如下。

① 用"use 数据库名"命令创建数据库。如果数据库已存在,则会自动切换到相应的数据库。

② 用"show dbs"命令显示数据库信息,包括文档大小。需要注意的是,MongoDB 中的数据库表只有在存入数据后才能看到,如果集合(即 SQL 中的表)为空,则它是不显示的。在这一点上,MongoDB 和 SQL 是有区别的,SQL 中的空表是可以显示的。MongoDB 默认的数据库为 test,如果没有创建数据库,则集合将存放在 test 数据库。

③ 用"db.dropDatabase()"命令删除数据库。该命令就是执行删除当前数据库的命令。如果要删除其他数据库,就要使用"show dbs"命令查看所有数据库的信息,然后使用"use 数据库名"命令切换到要删除的数据库,再执行删除数据库操作,最后使用"show dbs"命令查看删除是否成功。

以上是对数据库的操作,大家都知道,在实际开发中,更多的操作是针对 SQL 中称之为"表"、MongoDB 中称之为"集合"的数据。下面是通过 MongoDB 存取数据的示例代码。

```
from pymongo import MongoClient
client=MongoClient('localhost',27017)
url='http://www.tup.tsinghua.edu.cn/'
html='...<html>...'
db=client.cache
db.webpage.insert({'url':url,'html':html})
ObjectId('587e2cb26b00c10b956e0be9')
db.webpage.find_one({'url':url})
{u'url': u'http://www. tup. tsinghua. edu. cn/', u'_id': ObjectId('587e2cb26b00c10b956e0be9'), u'html': u'...<html>...'}
db.webpage.find({'url':url})
<pymongo.cursor.Cursor object at 0x7fcde0ca60d0>
db.webpage.find({'url':url}).count()
1
```

当插入同一条记录时,MongoDB 会欣然接受并执行这次操作,但通过查找发现记录没有更新。

```
db.webpage.insert({'url':url,'html':html})
ObjectId('587e2d546b00c10b956e0bea')
db.webpage.find({'url':url}).count()
2
db.webpage.find_one({'url':url})
{u'url': u'http://www. tup. tsinghua. edu. cn/', u'_id': ObjectId('587e2cb26b00c10b956e0be9'), u'html': u'...<html>...'}
```

为了存储最新的记录并避免重复记录,我们将 id 设置为 URL 并执行 upsert 操作。该操作表示若记录存在则更新记录,否则插入新记录。

```
new_html='<...>...'
db.webpage.update({'_id':url},{'$set':{'html':new_html}},upsert=True)
{'updatedExisting': True, u'nModified': 1, u'ok': 1, u'n': 1}
db.webpage.find_one({'_id':url})
{u'_id': u'http://www.tup.tsinghua.edu.cn/', u'html': u'<...>...'}
db.webpage.find({'_id':url}).count()
1
```

现在,当尝试向同一 URL 插入记录时,将会更新其内容,而不是创建冗余的数据,代码如下。

```
db.webpage.update({'_id':url},{'$set':{'html':new_html}},upsert=True)
{'updatedExisting': True, u'nModified': 0, u'ok': 1, u'n': 1}
db.webpage.find({'_id':url}).count()
1
```

可以看出,在添加了这条记录后,虽然 HTML 的内容更新了,但该 URL 的记录数仍然是1。

4.3.3 Python 操作 MongoDB

以采集图书数据为例,Python 操作 MongoDB 的代码示例如下。

```
#-*-coding:utf-8-*-
import json
from bs4 import BeautifulSoup
import requests
import pymongo
#打开数据库连接,MongoDB 默认端口为 27017
conn=pymongo.MongoClient(host='47.107.232.248',port=27017)
#选择或创建数据库
mydb =conn['ryjiaoyu']
#选择或者创建数据集合
newsdata=mydb['news']
User_agent='Mozila/4.0(compatible;Windows NT'
Headers={'User-Agent':User_agent}
r=requests.get('http://www.tup.tsinghua.edu.cn/tag/details/7',headers=Headers)
Soup=BeautifulSoup(r.text,'lxml')#html.parser
for list in Soup.find_all(class_="book-info"):
    a = list.find('a')
    lists = []
    if a != None:
        author = list.find(class_="author").find("span").string    #获取作者
        intro = list.find(class_="intro").string                   #获取简介
        href = a.get('href')                                       #获取链接
        list_title = a.get('title')                                #获取标题
        newsdata.insert_one({'标题': list_title, '链接': href, '作者': author, '简介': intro})

for i in newsdata.find():
    #从数据库中读取出来
    #print(i)
    print('i' + str(i))
```

存储数据到 MongoDB 并读取出来,如图 4-10 所示。

① 上述代码可以概括为如下几个步骤。首先是引入模块,代码如下。

```
import pymongo
```

② 连接到 Mongo,代码如下。

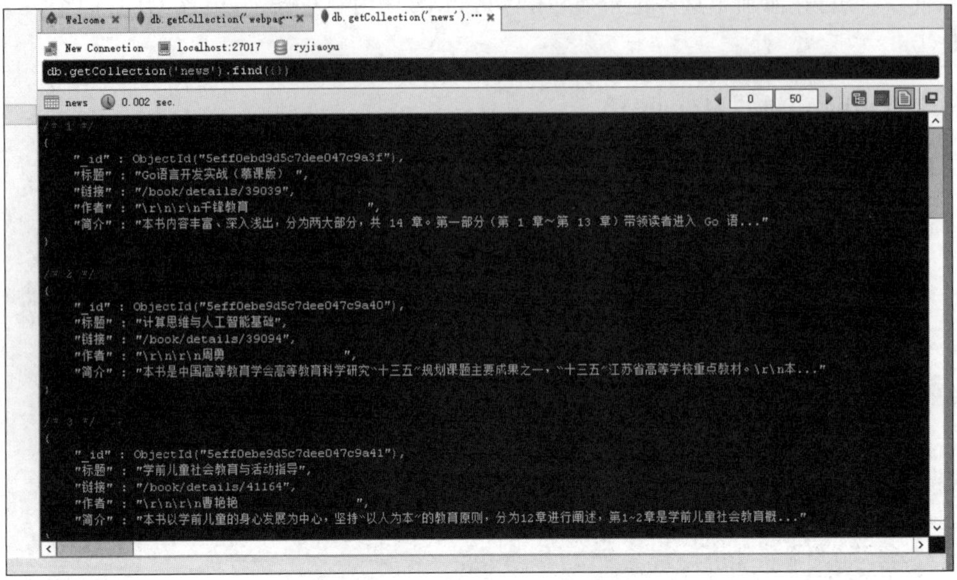

图 4-10 MongoDB 读取的数据结果

```
conn=pymongo.MongoClient(host='localhost',port=27017)
```

③ 选择或创建数据库,代码如下。

```
mydb =conn['ryjiaoyu']
```

④ 选择或创建数据集合,代码如下。

```
newsdata= mydb ['news']
```

⑤ 插入一行数据,代码如下。

```
newsdata.insert_one({'标题': list_title, '链接': href, '作者': author, '简介': intro})
```

⑥ 查询数据,代码如下。

```
newsdata.find()
```

如此,简单地对数据进行数据库存储就完成了。

4.4 实验 4: 使用 MongoDB 存储网络采集的数据

本实验的任务是获取"虎扑步行街"论坛上所有帖子的数据,内容包括帖子的名称及链接、作者及链接、创建时间、回复数、浏览数、最后回复用户和最后回复时间。

4.4.1 网站分析

使用浏览器打开"虎扑步行街"论坛的页面,在网站的页面上使用"检查"功能查看网页的请求头,如图 4-11 所示。

首先,可以看到网页上的定位帖子的名称、链接、作者及链接、创建时间、回复数、浏览数、最后回复用户等相关数据,可以通过 Beautiful Soup 在网页中定位上述数据信息。

根据前面介绍的方法,以上数据所在的位置如表 4-2 所示。

表 4-2 数据所在的位置

数　　据	位　　置
帖子所有数据	'tr',mid=True
帖子名称	'td',class_='p_title' ＞ a
帖子链接	'td',class_='p_title' ＞ a['href']
作者	'td',class_='p_author' ＞ a
作者链接	'td',class_='p_author' ＞ a['href']
创建时间	'td',class_='p_author' ＞ contents[2]
回复数	'td',class_='p_re'
最后回复用户	'td',class_='p_retime' ＞a
最后回复时间	'td',class_='p_retime' ＞ contents[2]

图 4-11 需要爬取数据的网站页面

除此之外，发现这个网站最多显示100页的内容，如图4-12所示。

图 4-12　最多显示 100 页的内容

另外，当打开第 2 页时，网页 URL 地址变成了 https：//bbs.**.com/bxj-2；当打开第 3 页时，网页 URL 地址变成了 https：//bbs.**.com/bxj-3。

这样就很好理解了，当翻页时，只是将网页的 URL 地址的最后一个数据换成相应的页数。

4.4.2　获取首页数据

在得到每个数据所在的位置后，可以首先尝试获取第 1 页的数据，目的是发现第 1 页获取的数据是否有问题。若没有问题，则可以应用这个解析数据的代码将数据添加到 MongoDB 数据库，然后才可以采集后面的页面。

获取第 1 页数据的代码具体如下。

```
source
import requests,
from bs4 import BeautifulSoup,
import datetime,
def get_page(link),
    headers = {'User-Agent' : 'Mozilla/5.0 (Windows; U; Windows NT 6.1; en-US; rv:1.9.1.6) Gecko/20091201 Firefox/3.5.6'},
    r = requests.get(link, headers = headers),
    html = r.content,
    html = html.decode('utf-8'),
    soup = BeautifulSoup(html, 'lxml'),
    return soup,
def get_data(post_list),
    data_list =[],
    for post in post_list,
        title_td = post.find('td',class_='p_title'),
        title = title_td.find('a', id=True).text.strip(),
        post_link = title_td.find('a', id=True)['href'],
        post_link = 'https://bbs.hupu.com' + post_link,
        author = post.find('td',class_='p_author').a.text.strip(),
        author_page = post.find('td',class_='p_author').a['href'],
        start_date = post.find('td',class_='p_author').contents[2],
        start_date = datetime.datetime.strptime(start_date, '%Y-%m-%d').date(),
        reply_view = post.find('td',class_='p_re').text.strip(),
```

```
        reply = reply_view.split('/')[0].strip()
        view = reply_view.split('/')[1].strip()
        reply_time = post.find('td',class_='p_retime').a.text.strip()
        last_reply = post.find('td',class_='p_retime').contents[2]
        if ':' in reply_time:
            date_time = str(datetime.date.today()) + ' ' + reply_time
            date_time = datetime.datetime.strptime(date_time, '%Y-%m-%d %H:%M')
        else:
            date_time = datetime.datetime.strptime('2017-' + reply_time, '%Y-%m-%d').date()
        data_list.append([title, post_link, author, author_page, start_date, reply, view, last_reply, date_time])
    return data_list
link = "https://bbs.hupu.com/bxj"
soup = get_page(link)
post_list = soup.find_all('tr', mid=True)
data_list = get_data(post_list)
for each in data_list:
    print (each)
]
}
```

在上述代码中,使用函数 get_page()得到页面中的内容。和前面不同的是,获取上述代码使用的不是 r.text,而是 r.content。这是因为此网站使用的是 gzip 封装,所以需要使用 r.content 解封装,然后把代码由 UTF-8 解码为 Unicode。这个部分涉及 Python 中的编码问题,后面将会进行相关讲解。

4.4.3 解析数据

在获取页面内容后,就可以使用 Beautiful Soup 解析需要的内容了。此处使用了 get_data()函数解析 soup 中的数据。值得注意的是,此处使用了 datatime 将记录时间的字符串转换为时间数据,代码如下。

```
Start_data = datatime.datatime.strptime(start_data, '%Y-%m-%d').data()
```

这个转换很简单,只需要将时间的格式"%Y-%m-%d"和字符串记录时间的格式匹配就可以完成。

此外,获取的回复数据和浏览数据是一个字符串,如"45/2906",因此需要将它分割为一个列表(list),然后分别取出回复量和浏览量。

还可以将最后回复时间的字符串转换为时间数据。最后回复时间有两种格式:如果是当天(即查看网页的这一天)回复,则显示当天回复的时间,如 23:01;如果是前一天的回复,则显示"月-日"。这里也可以对不同情况进行处理,将其转换为统一的时间格式。

运行上述代码后,得到的结果如下。

> "['考上清北对人生到底有多少加成?', 'https://bbs.hupu.com/19385005.html', '莫相离', 'https://my.hupu.com /185999080585391', datetime.date(2018, 6, 7), '258', '59743', '惊寒', datetime.datetime(2018, 6, 7, 22, 37)]\n"
> "['ZT 载歌载舞!广场舞老人拒绝让步高考:今晚又不考试,健康更重要', 'https://bbs.hupu.com/19387731.html', '我是李一桐', 'https://my.hupu.com/92732774229794', datetime.date(2018, 6, 7), '32', '2749', '渴死的鱼小号', datetime.datetime(2017, 6, 7, 22, 37)]\n"
> "['又到一年高考时,你们见到哪些严重偏科的?', 'https://bbs.hupu.com/19386878.html', '天雷 vs 地火', 'https://my.hupu.com/230303480743565', datetime.date(2018, 6, 7), '20', '369', '0冰封王座0', datetime.datetime(2018, 6, 7, 22, 37)]\n"

4.4.4 存储到 MongoDB

现在的数据基本没有问题了,可以尝试将数据加入 MongoDB,但是这次加入的方法和之前的方法不一样,因为这次获取的是论坛数据,而在论坛中,用户的数据更新比较快,在翻到第 2 页时,可能新回复的帖子已经将原来的第 1 页推到第 2 页了。这时,如果还使用 insert_one 的方法,那么同一个帖子就可能会被数据库记录两次,因此需要对原来的方法进行改进,需要采用 update 的方法。

这里采用的是 MongoDB 类的方式,可以很方便地连接数据库、提取数据库中的内容、向数据库加入数据及更新数据库中的数据,代码如下。

```
source"
from pymongo import MongoClient,
class MongoAPI(object),
    def __init__(self, db_ip, db_port, db_name, table_name),
        self.db_ip = db_ip,
        self.db_port = db_port,
        self.db_name = db_name,
        self.table_name = table_name,
        self.conn = MongoClient(host=self.db_ip, port=self.db_port),
        self.db = self.conn[self.db_name],
        self.table = self.db[self.table_name],
    def get_one(self, query),
        return self.table.find_one(query, projection={\"_id\": False}),
    def get_all(self, query),
        return self.table.find(query),
    def add(self, kv_dict),
        return self.table.insert(kv_dict),
    def delete(self, query),
        return self.table.delete_many(query),
```

```
            def check_exist(self, query):
                ret = self.table.find_one(query)
                return ret != None
        # 如果没有,则会新建
        def update(self, query, kv_dict):
                self.table.update_one(query, {
                    '$set': kv_dict,
                }, upsert=True)
    ]
}
```

这个MongoAPI类可以实现很多功能,包括:连接数据库的一个集合;使用get_one(self,query)获取数据库中的一条资料;使用get_all(self,query)获取数据库满足条件的所有数据;使用add(self,kv_dict)向集合中添加数据;使用delete(self,query)删除集合中的数据;使用check_exist(self,query)查看集合中是否包含满足条件的数据,如果找到满足条件的数据,则返回True,否则返回False;使用update(self,query,kv_dict)更新集合中的数据,如果在集合中找不到数据,就会新增一条数据。

输入以上代码后,就可以将之前采集的数据加入数据库了,相关代码如下。

```
"source"
  hupu_post = MongoAPI(\"localhost\", 27017, \"hupu\", \"post\")
  for each in data_list:
      hupu_post.add({\"title\": each[0],
                     \"post_link\": each[1],
                     \"author\": each[2],
                     \"author_page\": each[3],
                     \"start_date\": str(each[4]),
                     \"reply\": each[5],
                     \"view\": each[6],
                     \"last_reply\": each[7],
                     \"last_reply_time\": str(each[8])})"
    ]
}
```

在上述代码中,首先使用下列语句连接数据库hupu中的post集合。

```
hupu_post = MongoAPI("localhost", 27017, "hupu", "post")
```

和之前的代码不同的是,上述代码使用hupu_post.add({"title":each[0],"post_link":each[1],…})将数据加入刚刚创建的数据库集合中。

运行上述代码,可以在MongoDB中查看结果,这样便将第1页的结果加入MongoDB了。需要将第1~100页的数据都采集下来,并在采集之间间隔几秒,实现代码如下。

```
"source"
"import requests,
 from bs4 import Beautiful Soup,
 import datetime,
 from pymongo import MongoClient,
 import time,
 hupu_post = MongoAPI(\"localhost\", 27017, \"hupu\", \"post\"),
 for i in range(1,101),
     link = \"https://bbs.hupu.com/bxj-\" + str(i),
     soup = get_page(link),
     post_list = soup.find_all('tr', mid=True),
     data_list = get_data(post_list),
     for each in data_list,
         hupu_post.update({\"post_link\": each[1]},{\"title\": each[0],
                 \"post_link\": each[1],
                 \"author\": each[2],
                 \"author_page\": each[3],
                 \"start_date\": str(each[4]),
                 \"reply\": each[5],
                 \"view\": each[6],
                 \"last_reply\": each[7],
                 \"last_reply_time\": str(each[8])}),
     time.sleep(3),
     print ('第', i,'页获取完成,休息 3 秒')
]
}
```

在上述代码中,首先加入了一个循环以获取第 1~100 页的数据。值得注意的是,在将数据输入 MongoDB 时,不再使用 add,而是使用 hupu_post.update。如果发现数据库中已经有该帖子的链接,则更新数据,否则增加一条数据记录,因为在爬取后面页面的数据时,由于时间差的关系,前一页的帖子可能会转到后一页,所以需要用 update 解决这个问题。

运行上述代码,发现 MongoDB 中有 11 000 条数据,实际操作时获取的数据量可能和这个数量不同,这是因为时间差的关系,不同数据的帖子可能会被转到下一页。

4.5 实验 5: 采集数据并存储到 MySQL

本实验要采集 51job 网站的数据并存入 MySQL 数据库。在前面的实验中只是通过 Python 函数将其简单地打印出来,在此将其封装成类,然后打印并写入 MySQL 数据库。

4.5.1 准备工作

首先需要设计 MySQL 的库和表结构。在此,我们只用了一个简单的表,其 SQL 语句如下。

```
#建库
create database 51job;
#建表
create table job(job_id int not null auto_increment, keyword varchar(100) not null, position varchar(100) not null, p_link varchar(100) not null, company varchar(100) not null, location varchar(50) not null, salary varchar(20), publish varchar(40) not null, primary key (job_id));
```

考虑到随着数据的增多，只使用一个简单的表肯定会使采集速度越来越慢，因此将其按城市、关键字、job 信息等分类，有兴趣的读者可以仔细考虑一下相关实现方法，目前先按照一个表运行。

安装 pymysql 组件，具体命令方法和安装进度如图 4-13 所示。

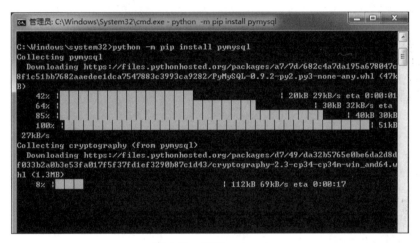

图 4-13　安装 pymysql

4.5.2　编写代码

经过上述准备工作，就可以开始编写工程项目了。在本实验中，相关程序只获取公司、职位、地区、薪水，没有其他详细信息，代码相对简单，主要用来学习 Python 和 MySQL 的交互，刚开始插入的数据都是乱码，在连接 MySQL 时指定 UTF-8 编码即可解决，实验实现的完整代码如下。

```
#-*- coding:utf-8 -*-
import requests
import re, pymysql
def get_content(page):
    url = 'http://search.51job.com/list/000000,000000,0000,00,9,99,%25E6%2595%25B0%25E6%258D%25AE%25E5%2588%2586%25E6%259E%2590,2,' + str(
```

```
        page) + '.html'
    html = requests.get(url)
    s = requests.session()
    s.keep_alive = False
    html.encoding = 'gbk'
    return html
def get(html):
    reg = re.compile(
        r'class="t1 ">.*?<a target="_blank" title="(.*?)".*?<span class="t2"><a target="_blank" title="(.*?)".*?<span class="t3">(.*?)</span>.*?<span class="t4">(.*?)</span>.*?<span class="t5">(.*?)</span>',
        re.S)                   #匹配换行符
    items = re.findall(reg, html.text)
    return items
def savetosql(items):
    print('正在连接服务器')
    db = pymysql.connect('localhost', 'root', 'nhic', 'justtest', charset="utf8")
    print('连接成功')
    cursor = db.cursor()
    cursor.execute('DROP TABLE IF EXISTS JOBS')
    SQL = '''CREATE TABLE JOBS(
        POSITION TEXT(1000) NOT NULL,
        COMPANY TEXT(1000),
        ADDRESS TEXT(1000),
        SALARY TEXT(1000),
        DATE TEXT(1000))'''
    cursor.execute(SQL)
    print('创建成功')
    for item in items:
        sql = "insert into JOBS values('%s','%s','%s','%s','%s')" % (item[0], item[1], item[2], item[3], item[4])
        print(item[1])
        try:
            cursor.execute(sql)
            db.commit()
        except:
            print('插入失败')
            db.rollback()
for page in range(1, 5):
    print('正在采集第{}页'.format(page))
    savetosql(get(get_content(page)))
```

通过 import pymysql 命令可以使用 MySQL 导入数据。在插入数据记录前，相关程序需要按照关键字、职位、公司及发布时间等信息判断此条记录是否存在,不存在时才插入数据记录。

4.5.3 运行结果

实验代码的运行结果如图 4-14 所示。

图 4-14　PyCharm 中的实验运行结果

可以通过 Navicat 连接 MySQL,以查看数据导入是否成功;也可以通过 MySQL 管理客户端,通过命令查看数据导入是否成功。经过查看,具体运行结果如图 4-15 所示。

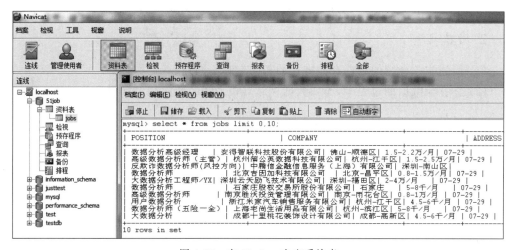

图 4-15　在 Navicat 中查看检索

本 章 小 结

本章介绍了三种通过网络数据采集得到数据并进行存储的方式。在不同的情境下可以使用不同的数据存储方式：如果仅仅用来存储测试用的数据，则可以采用 CSV 格式，这种格式在写入和读取时都非常方便，可以迅速打开文件进行查看；如果数据量较大，且需要交换或提供给其他程序访问，则需要采用数据库存储数据的方法；如果存储的数据不是关系数据格式，则推荐使用 MongoDB，甚至可以直接存储采集得到的 JSON 格式的数据，而不用进行解析；如果是关系数据，则推荐采用 MySQL 数据库进行存储。

习 题

1. 选择题

（1）在获取网络上某个 URL 对应的图片或视频等二进制资源时，应该采用 Response 类的哪个属性？

  A．.text   B．.head   C．.content   D．.status_code

（2）Requests 库中的 get() 方法最为常用，下面哪个说法正确？

  A. HTTP 中的 GET 方法应用最广泛

  B. 服务器因为安全原因对其他方法有限制

  C. get() 方法是其他方法的基础

  D. 网络爬虫主要进行信息获取

（3）下面哪些功能是网络爬虫做不到的？

  A. 爬取网络公开的用户信息并汇总出售

  B. 爬取某个人计算机中的数据和文件

  C. 分析教务系统网络接口，用程序在网上抢最热门的课

  D. 持续关注某个人的微博或朋友圈，自动为其新发布的内容点赞

2. 问答题

（1）简述本章介绍的数据存储方式的相同点和不同点。

（2）在存储数据的过程中，不同数据存储方式之间的转换是怎样进行的？

基础网络数据采集

学习目标：
- 了解基础网络数据采集的架构和工作流程；
- 掌握 Python 环境下基础网络数据采集各个模块的工作流程；
- 熟悉 Python 环境下实现网络数据采集的关键代码；
- 理解基础网络数据采集的工作原理。

基础网络数据采集实现的功能比较简单，它仅仅考虑功能实现，没有涉及优化和稳健性的考虑。相比大型分布式的网络数据采集，基础网络数据采集虽然项目小，但需要的模块都应具备，只不过在实现方式和优化方式上不及大型分布式的数据采集全面、多样。本章将对基础网络数据采集进行详细讲解。

5.1 基础网络数据采集的架构及运行流程

网络数据采集是一个自动提取网页的程序，它可以从互联网上下载网页，是搜索引擎的重要组成部分。传统网络数据采集从一个或若干初始网页的 URL 开始获得初始网页上的 URL，在爬取网页的过程中不断从当前页面上抽取新的 URL 放入队列，直到满足系统的停止条件。从功能上来讲，网络数据采集一般分为数据爬取、处理、存储三个部分。聚焦网络爬虫（又称网页蜘蛛，网络机器人，在 FQAF 社区中经常被称为网追逐者）是一种按照一定规则自动爬取互联网信息的程序或脚本。另外一些不常使用的名字还有蚂蚁、自动索引、模拟程序、蠕虫。基础网络爬虫的流程根据一定的网页分析算法过滤与主题无关的链接，保留有用的链接，并将其放入等待爬取的 URL 队列中，然后根据一定的搜索策略从队列中选择下一步要爬取的网页 URL，并重复上述过程，直到满足系统的某一条件时停止。另外，所有被爬取的网页都将会被系统存储，进行一定的分析、过滤，并建立索引，以便之后的查询和检索。这一过程得到的分析结果还可能为以后的爬取过程提供反馈和指导。基础网络数据采集的架构如图 5-1 所示。

相对于通用网络数据采集，基础网络数据采集还需要解决以下三个主要问题：
- 对爬取目标的描述或定义；
- 对网页或数据的分析与过滤；
- 对 URL 的搜索策略。

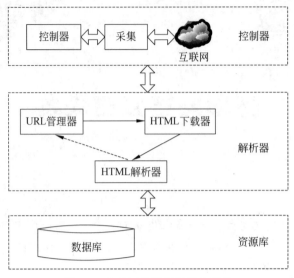

图 5-1　基础网络数据采集的架构

在网络数据采集的系统框架中，主过程由控制器、解析器、资源库三部分组成。控制器的主要工作是负责给多线程中的各个网络数据采集线程分配工作任务。解析器的主要工作是下载网页并进行页面的处理，主要是将一些 JS 脚本标签、CSS 代码、空格字符、HTML 标签等内容处理掉。网络数据采集的基本工作由解析器完成。资源库用来存放下载的网页资源，一般采用大型数据库存储，如 Oracle 数据库，并对其建立索引。

（1）控制器

控制器是网络数据采集的中央控制器，其根据系统传来的 URL 链接分配线程，然后启动线程以调用网络数据采集网页。

（2）解析器

解析器是网络数据采集的主要部分，其负责的工作主要包括：下载网页、对网页的文本进行处理（如过滤、抽取特殊 HTML 标签、分析数据）。

（3）资源库

资源库主要用来存储从网页中下载的数据，并提供生成索引的目标源，大中型数据库产品有 Oracle、SQL Server 等。

网络数据采集系统一般会选择一些比较重要的、出度（网页中指向其他网页的链接数目）较大的网站的 URL 作为种子 URL 集合。网络数据采集系统以这些种子集合作为初始 URL 开始数据的爬取。因为网页中含有链接信息，所以通过已有网页的 URL 会得到一些新的 URL，可以把网页之间的指向结构视为一个森林，每个种子 URL 对应的网页是森林中的一棵树的根节点。这样，网络数据采集系统就可以根据广度优先搜索算法或者深度优先搜索算法遍历所有网页。由于深度优先搜索算法可能会使网络数据采集系统陷入某一个网站内部，不利于搜索比较靠近网站首页的网页信息，因此一般采用广度优先搜索算法采集网页。网络数据采集系统首先将种子 URL 加入下载队列，然后简单地从队首取出一个 URL 以下载其对应的网页。在将得到的网页内容存储后，解析网页中的链接信息,就可以得到一些新的 URL,并将这些 URL 加入下载队列;然后再取出一个 URL,下载对应的网页,接着再解析;如此反复进行,直到遍历整个网络或者满足某种条件后才会停止。

5.2 URL 管理器

下面介绍 URL 管理器的主要功能及其在 Python 数据采集环境下的实现方式。

5.2.1 URL 管理器的主要功能

URL 即统一资源定位符,也就是通常说的网址。URL 是对可以从互联网上得到的资源的位置和访问方法的一种简洁表示,是互联网上标准资源的地址。互联网上的每个文件都有一个唯一的 URL,包含文件的位置以及浏览器应该怎样处理它等方面的信息。

URL 的格式由以下三部分组成。
- 第一部分是协议(或称服务方式);
- 第二部分是存有该资源的主机 IP 地址(有时也包括端口号);
- 第三部分是主机资源的具体地址,如目录和文件名等。

网络数据采集在采集数据时必须有一个目标 URL 才可以获取数据,该 URL 是网络数据采集获取数据的基本依据,准确理解它的含义对网络数据采集的学习有很大帮助。

管理待爬取 URL 集合和已爬取 URL 集合的意义是:防止重复爬取、防止循环爬取(如两个网页因相互引用而形成"死循环")。

一个 URL 管理器应该具有以下几个功能:
- 添加新的 URL 到待采集集合中,判断待添加的 URL 是否在容器中;
- 获取待采集的 URL;
- 判断是否还有待采集的 URL;
- 将采集后的 URL 从待采集集合移动到已采集集合。

URL 管理器的主要功能如图 5-2 所示。

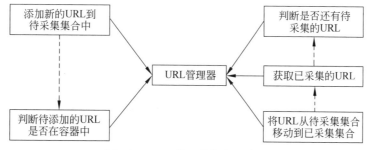

图 5-2 URL 管理器的主要功能

5.2.2 URL 管理器的实现方式

在 URL 管理器的实现方式上,Python 主要采用内存(set)和关系数据库(MySQL)。

对于小型程序，一般在内存中实现。Python 内置的 set() 类型能够自动判断元素是否重复。对于大一些的程序，一般使用数据库实现，如图 5-3 所示。

图 5-3　URL 管理器的实现方式

URL 管理器的实现方式有以下三种。

- 适合个人的：内存。
- 适合小型企业或个人的：关系数据库（永久存储或内存不够用）用一个字段表示 URL，用另一个字段表示是否被采集过。
- 适合大型互联网公司的：缓存数据库（高性能）。

URL 管理器的实现程序 HtmlManager.py 的完整代码如下。

```
#-*-coding:utf-8-*-
class UrlManager(object):
    def __init__(self):
        self.new_urls=set()              #待采集的 URL
        self.old_urls=set()              #已采集的 URL
    def add_new_url(self,url):           #向管理器中添加一个新的 URL
        if url is None:
            return
        if url not in self.new_urls and url not in self.old_urls:
            self.new_urls.add(url)
    def add_new_urls(self,urls):         #向管理器中添加更多新的 URL
        if urls is None or len(urls)==0:
            return
        for url in urls:
            self.add_new_url(url)
    def has_new_url(self):               #判断管理器是否有新的待采集的 URL
        return len(self.new_urls)!=0
    def get_new_url(self):               #从管理器中获取一个新的待采集的 URL
        new_url=self.new_urls.pop()
        self.old_urls.add(new_url)
        return new_url
```

从一个循环中获取一个存在的 URL，进入一个页面，保存此页面的相关信息，保存相关电影的 URL，直至没有新的 URL 或者电影的数量达到规定数量。因此，需要一个用来保存新出现的 URL 和标记出现过的 URL 的程序，以保证不重复。程序在最开始时将入口页的 URL 保存在 URL 管理器中,然后进入循环。

5.3　HTML 下载器

　　HTML 下载器是将互联网上 URL 对应的网页下载到本地的工具。Python 中的 HTML 下载器主要使用 urllib 库创建,这是 Python 自带的模块。Python 3.x 将 2.x 版本中的 urllib2 库集成到了 urllib 中,在 Requests 等子模块中。urllib 中的 urlopen 函数用于打开 URL 并获取 URL 数据。urlopen 函数的参数可以是 URL 链接,也可以是 Request 对象。对于简单的网页,直接使用 URL 字符串作为参数就已足够;但对于复杂的网页,如设有防网络数据采集机制的网页,在使用 urlopen 函数时,就需要添加 http header。对于带有登录机制的网页,需要设置 Cookie。HTML 下载器的主要作用是从 URL 管理器中获取新的 URL 并将其从对应的服务器中下载下来。

5.3.1　下载方法

　　方法 1:直接请求,示例如下。

```
#coding:utf-8
import urllib3
#直接请求
response=urllib3.urlopen('http://www.ryjiaoyu.com')
#获取状态码,如果是 200,则表示获取成功
print(response.getcode())
#读取内容
cont=response.read()
print(len(cont))
```

　　方法 2:添加 http header,示例如下。

```
#coding:utf-8
import urllib3
#创建 Request 对象
request=urllib3.Request('http://www.ryjiaoyu.com')
#添加 http header,伪装成浏览器访问
request.add_header('User-Agent','Mozilla/5.0')
#发送请求,获取结果
response=urllib3.urlopen(request)#读取内容
cont=response.read()
print(len(cont))
```

　　方法 3:添加特殊情景的处理器,示例如下。

```
#coding:utf-8
import urllib3
```

```
import cookielib
#可以进行 Cookie 处理
cj=cookielib.CookieJar()
opener=urllib3.build_opener(urllib3.HTTPCookieProcessor(cj))
urllib3.install_opener(opener)
#直接请求
response=urllib3.urlopen('http://www.ryjiaoyu.com')
#读取内容
cont=response.read()
print(len(cont))
#打印 cookieprint cj
```

5.3.2 注意事项

使用 HTML 下载器下载网页时,需要注意网页的编码,以保证下载的网页没有乱码。HTML 下载器需要用到 Requests 模块,其中只需要实现 download(url)接口即可。HTML 下载器 HtmlDownloader.py 程序的示例如下。

```
import urllib2
class HtmlDownloader(object):
    def download(self,url):
        if url is None:
            return None
        response=urllib2.urlopen(url)
        if response.getcode()!=200:
            return None
        return response.read()
```

5.4 HTML 解析器

HTML 解析器使用 bs4 解析 HTML,需要解析的部分主要分为提取相关词条页面的 URL、当前词条的标题和摘要信息。

首先使用 firebug 查看标题和摘要所在的结构位置,如图 5-4 所示。

从图 5-4 可以看到,标题位于 HTML 标记的＜dd class="lemmaWgt-lemmaTitle"＞＜h1＞＜/h1＞中,摘要位于＜div class="para" label-module="para"＞中;最后分析需要提取的 URL 格式。相关词条的 URL 格式类似于＜a target="_blank" href="/item/7833.htm"＞HTML＜/a＞的形式,提取 a 标记中的 href 属性即可。从格式中可以看到,href 属性值是一个相对网址,可以使用 urlparse.urljoin 函数将当前网址和相对网址拼接成完整的 URL 路径。

HTML 解析器主要提供一个 parser 对外接口,输入参数为当前页面的 URL 和

图 5-4 HTML 结构位置

HTML 下载器返回的网页内容。HTML 解析器 HtmlParser.py 程序的代码如下。

```
import reimport urlparsefrom bs4
import Beautiful Soup
class HtmlParser(object):
def parse(self,page_url,html_cont):
if page_url is None or html_cont is None:
return
soup=Beautiful Soup(html_cont,'html.parser',from_encoding='utf-8')
new_urls=self._get_new_urls(page_url,soup)
new_data=self._get_new_data(page_url,soup)
return new_urls,new_data
def _get_new_urls(self,page_url,soup):
new_urls=set()
#/view/123.htm
links=soup.find_all('a',href=re.compile(r"/view/\d+\.htm"))
for link in links:
new_url=link['href']
new_full_url=urlparse.urljoin(page_url,new_url)
new_urls.add(new_full_url)
return new_urls
def _get_new_data(self,page_url,soup):
res_data={}
```

```
#url
res_data['url']=page_url
#<dd class="lemmaWgt-lemmaTitle-title"><h1>Python</h1>
title_node=soup.find('dd',class_="lemmaWgt-lemmaTitle-title").find("h1")
res_data['title']=title_node.get_text()
#<div class="lemma-summary"label-module="lemmaSummary">
summary_node=soup.find('div',class_="lemma-summary")
res_data['summary']=summary_node.get_text()
return res_data
```

5.5 数据存储器

在数据采集中,数据存储器主要有两个作用:一个是将解析出来的数据存储到内存中的 store_data(data);另一个是将存储的数据输出为指定文件格式的 output_html(),其输出的数据为 HTML 格式。而 5.4 节中的 HTML 解析器输出的数据为字典类型。由于数据量较小,因此可以把数据存储为文件。当数据量较大时,将其存储为单个文件就不合适了,可以考虑将其存储为多个文件或存入数据库。为了避免频繁地读写文件,可以先把每个循环得到的数据以列表的形式暂存在内存中,等到全部页面采集结束后再存至文件。

输出文件 Html_Outputer.py 的代码如下。

```
#-*-coding:utf-8-*-
class HtmlOutputer(object):
#初始化
def_init_(self):
self.datas=[]
def collect_data(self,data):                    #收集数据
if data is None:
return
self.datas.append(data)
def output_html(self):                          #输出数据
fout=open('output.html','w')
fout.write("<html>")
fout.write("<head>")
fout.write("<meta charset='UTF-8'>")
fout.write("</head>")
fout.write("<body>")
fout.write("<table>")
#ASCII
for data in self.datas:
fout.write("<tr>")
fout.write("<td>%s</td>"%data['url'])
```

```
fout.write("<td>%s</td>"%data['title'].encode('utf-8'))
fout.write("<td>%s</td>"%data['summary'].encode('utf-8'))
fout.write("</tr>")
fout.write("</html>")
fout.write("</body>")
fout.write("</table>")
fout.close()
```

本例将数据写入了 HTML 文件,在浏览器中便能打开,方便阅读。

5.6 数据调度器

以上几节讲解了 URL 管理器、HTML 下载器、HTML 解析器和数据存储器等模块,接下来编写数据调度器以协调管理这些模块。数据调度器首先要做的是初始化各个模块,然后通过 crawl(root_url)方法传入入口 URL,方法内部按照运行流程控制各个模块的工作。数据调度器的代码文件是 spider_main.py,代码如下。

```
#-*-coding:utf-8-*-
from baike_spider import
url_manager,html_downloader,html_parser,html_outputer
class SpiderMain(object):
def_init_(self):
self.urls=url_manager.UrlManager()                    #URL 管理器
self.downloader=html_downloader.HtmlDownloader()      #HTML 下载器
self.parser=html_parser.HtmlParser()                  #HTML 解析器
self.outputer=html_outputer.HtmlOutputer()            #数据存储器
def craw(self,root_url):
count=1                                               #判断当前采集的是第几个 URL
self.urls.add_new_url(root_url)
while self.urls.has_new_url():                        #循环,采集所有相关页面,判断异常情况
try:
new_url=self.urls.get_new_url()                   #取得 URL
print'craw%d:%s'%(count,new_url)                  #打印当前是第几个 URL
html_cont=self.downloader.download(new_url)       #下载页面数据
#进行页面解析,得到新的 URL 及数据
new_urls,new_data=self.parser.parse(new_url,html_cont)
self.urls.add_new_urls(new_urls)                  #添加新的 URL
self.outputer.collect_data(new_data)              #收集数据
if count==10:                                     #此处的 10 可以改为 100 甚至更多,代表循环次数
break
count=count+1
except:
```

```
print'craw failed'
self.outputer.output_html()              #利用outputer输出收集好的数据
if_name_=="_main_":
root_url="http://baike.baidu.com/view/21087.htm"
obj_spider=SpiderMain()                  #创建采集数据程序
obj_spider.craw(root_url)                #使用craw方法启动程序
```

到这里，基础网络数据采集的架构所需的模块都已经完成。启动程序，执行大约1分钟后，数据都会被存储为baike.html。使用浏览器打开，运行程序Spider_Main.py即可采集页面，最终文件输出为output.html，其中包含词条和词条解释，采集完毕。运行output.html后得到的结果如图5-5所示。

图 5-5　运行结果

5.7　实验6: Scrapy基础网络数据采集

5.7.1　创建采集模块

（1）创建项目

可以通过运行以下命令创建项目，具体示例如下。

```
# scrapy startproject p1
```

（2）创建结果

运行上述命令，得到的结果如图5-6所示。

图5-6所示文件的相关说明如下。

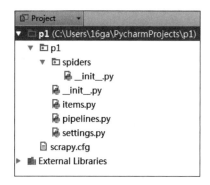

图 5-6　项目目录

scrapy.cfg：包括项目的配置信息，用来为 Scrapy 命令行工具提供一个基础的配置信息，真正与网络数据采集相关的配置信息在 settings.py 文件中。

items.py：设置数据存储模板，用于结构化数据，如 Django 的 Model。

pipelines：包括数据处理行为，如一般结构化的数据持久化。

settings.py：配置文件，如递归的层数、并发数、延迟下载等。

spiders：包括网络数据采集目录，如创建文件、编写网络数据采集规则。

注意：在创建网络数据采集文件时一般以网站域名命名。

5.7.2　启动程序

在 spiders 目录中新建 tupianr_spider.py 文件，具体结构如图 5-7 所示。

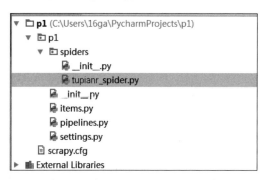

图 5-7　项目 tupianr_spider.py 文件

示例代码如下。

```
# -*- coding: utf-8 -*-
class HellospiderPipeline(object):
    def process_item(self, item, spider):
        return item
```

上述代码的相关说明如下：

- 网络数据采集文件需要定义一个类，并继承 Scrapy.spiders.Spider。

- 必须定义 name，即网络数据采集名，如果没有 name，则会报错，这是因为源码做了如下定义。

```
def_init_(sef,name=None, **kwargs);
if name is not None:
    self.name = name
elif not getattr(self,'name',None):
    raise ValueError("%s must have a name"% type(self)._name_)
self._dic_.update(kwargs)
if not hasattr(self,'start_urls'):
   self.start_urls = []
```

编写函数 parse。这里需要注意的是该函数名不能改变，因为 Scrapy 源码中默认 callback 函数的函数名就是 parse。

定义需要采集的 URL，将其放在列表中。由于采集多个 URL，因此通过 for 循环从上到下采集这些 URL，使用生成器迭代将 URL 发送给下载器以下载 URL 的 HTML，示例代码如下。

```
def start_requests(self);
   for url in self.start_urls:
       yield self.make_requests)from_url(url)
 Class Request(object_ref)
   def_init_(self,url,callback=None,method='GET',headers=none,body=None, cookies=None,meta=None,encoding='utf-8', priority=0,dont_filter=false, errback=None):
self._encoding = encoding
    self.method = str(method).upper()
self._set_url(url)
self._set_body(body)
assert isinstance (priority, int)," Request priority not an interger:% &"%priority
self.priority = priority
assert callback or not errback, "cannot use errback without a callback"
self.calback = callback
self.errback = errback
self.cookies = cookies or {}
self.headers = Headers(headers or {}, encoding=encoding)
self.dont_filter = dont_filter
self._meta = dict(meta) if meta else None
```

进入 p1 目录，运行命令，示例如下。

```
Scrapy crawl tieba--nolog
```

5.7.3 控制运行状态

1. 递归采集

上述代码仅仅实现了一个 URL 的采集,如果该 URL 被采集的内容中包含其他 URL,并且也想对其他 URL 进行采集,就需要进行递归采集,实现递归采集网页的示例代码如下。

```
#获取所有URL,继续访问并在其中寻找相同的URL
all_urls=hxs.select('//a/@href').extract()
for url in all_urls:
if url.startswith('https://tieba.baidu.com/index.html'):
yield Request(url,callback=self.parse)
```

上述代码通过 yield 生成器向每个 URL 发送 Request 请求,并执行返回函数 parse,从而递归地获取图片、姓名、学校等信息。

注意:可以修改 settings.py 中的配置文件,以此指定递归的层数,如 DEPTH_LIMIT=1。

2. Scrapy 查询语法中的正则表达式

Scrapy 查询语法中的正则表达式的代码如下。

```
from Scrapy.selector import selector
from Scrapy.http import HtmlResponse
html="""<!DOCTYPE html>
<html>
<head lang="en">
<meta charset="UTF-8">
<title></title>
</head>
<body>
<li class="item-"><a href="link.html">first item</a></li>
<li class="item-0"><a href="link1.html">first item</a></li>
<li class="item-1"><a href="link2.html">second item</a></li>
</body>
</html>
"""
response=HtmlResponse(url='https://tieba.baidu.com/index.html',body=html,
encoding='utf-8')
ret=Selector(response=response).xpath('//li[re:test(@class,"item-\d*")]//
@href').extract()
print(ret)
```

上述 Selector 方法的语法规则如下：Selector(response＝response 查询对象).xpath('//li[re：test(@class,"item-d＊")]//@ href').extract()，即根据 re 正则匹配得到，test 是匹配，属性名是 class，匹配的正则表达式是"item-d＊"，然后获取该标签的 href 属性，示例代码如下。

```
import scrapy
from hellospider.items import DetailItem
import sys
class MySpider(scrapy.Spider):
    #name:Scrapy 唯一定位实例的属性,必须唯一
    #allowed_domains:允许爬取的域名列表,不设置则表示允许爬取所有
    #start_urls:起始爬取列表
    #start_requests:从 start_urls 中读取链接,然后使用 make_requests_from_url 生
                    成 Request,这就意味我们可以在 start_requests 方法中根据自己
                    的需求向 start_urls 中写入自定义的规律的链接
    #parse:回调函数,处理 response 并返回处理后的数据和需要跟进的 URL
    #log:打印日志信息
    #closed:关闭 Spider
    #设置 name
    name = "spidertieba"
    #设定域名
    allowed_domains = ["baidu.com"]
    #填写爬取地址
    start_urls = [
        "http://tieba.baidu.com/f? kw=%E7%BD%91%E7%BB%9C%E7%88%AC%E8%99%AB&ie=utf-8",
    ]
    #编写爬取方法
    def parse(self, response):
        for line in response.xpath('//li[@class=" j_thread_list clearfix"]'):
            #初始化 item 对象,保存爬取的信息
            item = DetailItem()
            #这部分是爬取部分,使用 xpath 的方式选择信息,具体方法根据网页结构而定
            item['title'] = line.xpath(
                './/div[contains(@class,"threadlist_title pull_left j_th_tit")]/a/text()').extract()
            item['author'] = line.xpath(
                './/div[contains(@class,"threadlist_author pull_right")]//span[contains(@class,"frs-author-name-wrap")]/a/text()').extract()
            item['reply'] = line.xpath(
                './/div[contains(@class,"col2_left j_threadlist_li_left")]/span/text()').extract()
            yield item
```

3. 格式化处理

上述实例只是简单的图片处理,可以在 parse 方法中直接进行。如果想要获取更多的数据(获取页面的价格、商品名称、QQ 号等),则可以利用 Scrapy 的 items 将数据格式化,然后统一交由 pipelines 处理,即不同功能用不同文件实现。items 用来格式化数据,并告诉 pipelines 哪些数据需要保存。相关示例文件为 items.py,代码如下。

```
#-*- coding: utf-8 -*-
#Define here the models for your scraped items
#See documentation in:
import scrapy
class DetailItem(scrapy.Item):
#爬取标题、作者和回复
    title = scrapy.Field()
    author = scrapy.Field()
    reply = scrapy.Field()
```

上述文件需要采集所有 URL 中的标题(title)等内容。上述定义模板对于以后从请求的源码中获取数据的程序同样适用,所以在 Spider 中需要进行以下操作。

```
#!/usr/bin/env Python
#-*-coding:utf-8-*-
import Scrapy
import hashlib
from beauty.items import JieYiCaiItem
from Scrapy.http import Request
from Scrapy.selector import HtmlXPathSelector
from Scrapy.spiders import CrawlSpider,Rule
from Scrapy.linkextractors import LinkExtractor
class JieYiCaiSpider(Scrapy.spiders.Spider):
count=0
url_set=set()
name="jieyicai"
domain='https://tieba.baidu.com/index.html'
allowed_domains=["jieyicai.com"]
start_urls=[
"https://tieba.baidu.com/index.html",
]
```

下列命令对符合规则的网址不提取内容,只是提取该网页的链接(这里的网址是虚构的,实际使用时请替换)。

```
#Rule(LinkExtractor(allow=(r'https://tieba.baidu.com/index.html?pid=\d+
')),callback="parse"),
```

下列命令对符合规则的网址提取内容(这里的网址是虚构的,实际使用时请替换)。

```
#Rule(LinkExtractor(allow=(r'https://tieba.baidu.com/index.html?pid=\d+
')),callback="parse"),
def parse(self,response):
md5_obj=hashlib.md5()
md5_obj.update(response.url)
md5_url=md5_obj.hexdigest()
if md5_url in JieYiCaiSpider.url_set:
pass
else:
JieYiCaiSpider.url_set.add(md5_url)
hxs=HtmlXPathSelector(response)
if response.url.startswith('https://tieba.baidu.com/index.html'):
item=JieYiCaiItem()
item['company']=hxs.select('//span[@class="username g-fs-14"]/text()').
extract()
item['qq']=hxs.select('//span[@class="g-left bor1qq"]/a/@href').re('.*uin
=(?P<qq>\d*)&')
item['info']=hxs.select('//div[@class="padd20 bor1 comard"]/text()').
extract()
item['more']=hxs.select('//li[@class="style4"]/a/@href').extract()
item['title']=hxs.select('//div[@class="g-left prodetail-text"]/h2/text()
').extract()
yield item
current_page_urls=hxs.select('//a/@href').extract()
for i in range(len(current_page_urls)):
url=current_page_urls[i]
if url.startswith('/'):
url_ab=JieYiCaiSpider.domain+url
yield Request(url_ab,callback=self.parse)
spider
```

上述代码对 URL 进行了 MD5 加密(MD5 Message-Digest Algorithm 是一种被广泛使用的密码散列函数,可以产生一个 128 位的散列值,用于确保信息传输的完整和一致),目的是避免 URL 过长,方便保存在缓存或数据库中。此处代码的关键在于以下两点:

- 将获取的数据封装在 Item 对象中;
- 一旦 parse 执行 Item 对象,则自动将该对象交给 pipelines 类处理。

示例如下。

```
#-*-coding:utf-8-*-
import json
from twisted.enterprise import adbapi
```

```python
import MySQLdb.cursors
import re
mobile_re=re.compile(r'(13[0-9]|15[012356789]|17[678]|18[0-9]|14[57])[0-9]{8}')
phone_re=re.compile(r'(\d+-\d+|\d+)')
class JsonPipeline(object):
    def __init__(self):
        self.file = open ('/Users/wupeiqi/PycharmProjects/beauty/beauty/jieyicai.json','wb')
    def process_item(self,item,spider):
        line="%s%s\n"%(item['company'][0].encode('utf-8'),item['title'][0].encode('utf-8'))
        self.file.write(line)
        return item
class DBPipeline(object):
    def __init__(self):
        self.db_pool=adbapi.ConnectionPool('MySQLdb',
        db='DbCenter',
        user='root',
        passwd='123',
        cursorclass=MySQLdb.cursors.DictCursor,
        use_unicode=True)
    def process_item(self,item,spider):
        query=self.db_pool.runInteraction(self._conditional_insert,item)
        query.addErrback(self.handle_error)
        return item
    def _conditional_insert(self,tx,item):
        tx.execute("select nid from company where company=%s",(item['company'][0],))
        result=tx.fetchone()
        if result:
            pass
        else:
            phone_obj=phone_re.search(item['info'][0].strip())
            phone=phone_obj.group() if phone_obj else ''
            mobile_obj=mobile_re.search(item['info'][1].strip())
            mobile=mobile_obj.group() if mobile_obj else ''
            values=(
            item['company'][0],
            item['qq'][0],
            phone,
            mobile,
            item['info'][2].strip(),
            item['more'][0]
```

```
tx.execute("insert into company(company,qq,phone,mobile,address,more) values
(%s,%s,%s,%s,%s,%s)",values)
def handle_error(self,e):
    print'error',e
pipelines
```

上述代码中设置的多个类可以同时保存在文件和数据库中,保存的优先级可以在配置文件 settings 中定义,示例如下。

```
ITEM_PIPELINES={
'beauty.pipelines.DBPipeline':300,
'beauty.pipelines.JsonPipeline':100,
}
```

上述代码中,每行后面的整型值确定了它们运行的顺序,通常将这些数字定义在 0~1000 的范围内。

本 章 小 结

本章基本上完成了对网络数据采集架构的各个模块的讲解。无论是大型还是小型的网络数据采集,都不会脱离本章介绍的 URL 管理器模块、HTML 下载器模块、HTML 解析器模块、数据存储器模块、数据调度器,希望读者对整个运行流程有清晰的认识,之后涉及的实战项目都会见到上述 5 个模块的身影。

习 题

1. 选择题

百度的关键词查询提交接口如下,其中,keyword 代表查询关键词:
http://www.baidu.com/s? wd = keyword。请问,提交查询关键词应该使用 Requests 库的哪个方法?

  A. .patch()　　　　B. .get()　　　　C. .post()　　　　D. .put()

2. 问答题

(1) 基础网络数据采集的架构是怎样的?
(2) 创建项目,采集 TOP250 电影网的数据。

分布式网络数据采集

学习目标：
- 了解分布式网络数据采集；
- 掌握分布式网络数据采集的结构；
- 熟悉分布式网络数据采集的工作原理；
- 能够编写实现分布式网络数据采集的代码。

现在，大型的网络数据采集系统都采取分布式采集结构。通过本章的学习，读者应充分了解分布式网络数据采集的实现方法。

6.1 分布式运行结构

现在，大型的爬虫系统都采用分布式爬取结构，通过本节的学习，读者可以对分布式运行结构有一个比较清晰的了解，为之后系统地讲解分布式数据采集奠定基础。

6.1.1 分布式网络数据采集分析

网络数据采集是偏输入/输出（Input/Output，IO）型的任务。分布式网络数据采集的实现难度比分布式计算和分布式存储简单得多。分布式网络数据采集需要考虑以下几点：网络数据采集任务的统一调度、网络数据采集任务的统一去重和存储问题、速度问题，以及在足够"健壮"的情况下实现起来如何更简单、更方便，且最好支持"断点续爬"功能。基于 Python 的分布式网络数据采集比较常用的应该是 Scrapy 框架加上 Redis 内存数据库，中间的调度任务用 Scrapy-Redis 模块实现。此处简单介绍基于 Redis 的三种分布式策略，其实它们之间还是很相似的，只是为适应不同的网络或网络数据采集环境做了一些调整而已。

【策略一】Slaver 端从 Master 端拿任务（Request/URL/ID）进行数据爬取，在爬取数据的同时也生成新任务，并将新任务抛给 Master 端。Master 端只有一个 Redis 内存数据库，负责对 Slaver 提交的任务进行去重、加入待爬队列等操作。优点：Scrapy-Redis 默认使用这种策略，实现起来很简单，因为任务调度等工作已经由 Scrapy-Redis 做好了，只需要继承 RedisSpider、指定 Redis_Key 即可。缺点：Scrapy-Redis 调度的是 Request 对象，信息量较大（不仅包含 URL，还包含 callback 函数、Headers 等信息），导致的结果就是会降低网络数据采集的速度,而且会大量占用 Redis 的存储空间。当然可以重写方法以实现调度 URL 或者用户 ID。

【策略二】这是对策略一的一种优化改进:在 Master 端运行一个可生成任务(Request/URL/ID)的程序。Master 端负责生产任务,并把任务去重、加入待爬队列。Slaver 端只负责从 Master 端拿任务进行爬取。优点:将生成任务和采集数据分开,分工明确,减少了 Master 和 Slaver 之间的数据交流;可以很方便地重写判重策略(当数据量大时,优化判重的性能和速度就变得很重要)。缺点:像 QQ 或者新浪微博这种网站,发送一个请求,返回的内容里面可能包含几十个待爬的用户 ID,即几十个新的网络数据采集任务。但有些网站发送一个请求只能得到一两个新任务,并且返回的内容中也包含网络数据采集要爬取的目标信息,如果将生成任务和爬取任务分开,反而会降低网络数据采集的效率。毕竟带宽也是网络数据采集的一个瓶颈,要遵循发送尽量少的请求的原则,这也是为了减轻网站服务器的压力。

【策略三】Master 端只有一个集合,它只起查询的作用。Slaver 端在遇到新任务时会询问 Master 端此任务是否已爬,如果未爬则加入 Slaver 端自己的待爬队列中。这时 Master 端把此任务记为已爬。该策略和策略一比较像,但明显比策略一简单。策略三相对简单是因为由 Scrapy-Redis 模块实现了 scheduler 中间件,但并不适用于非 Scrapy 框架的网络数据采集。优点:实现简单,非 Scrapy 框架的网络数据采集也适用;Master 端压力较小,Master 端与 Slaver 端的数据交流也不大。缺点:"健壮性"不够,需要另外定时保存待爬队列以实现"断点续爬"功能;各 Slaver 端的待爬任务不通用。

如果把 Slaver 端比作工人,把 Master 端比作工头,策略一就是工人遇到新任务时都上报给工头,需要干活的时候就去工头那里领任务;策略二就是工头去找新任务,工人只负责从工头那里领任务干活;策略三就是工人遇到新任务时询问工头此任务是否有人做了,没有的话,工人就将此任务加到自己的"任务表"中。

6.1.2 简单分布式架构

简单分布式网络数据采集采用主从模式。主从模式是指由一台主机作为控制节点,对所有运行网络数据采集的主机进行管理。这种模式下,网络数据采集只需要从控制节点那里接收任务,并把新生成的任务提交给控制节点就可以了。该网络数据采集在这个过程中不必与其他网络数据采集通信。这种方式简单且利于管理,而控制节点则需要与所有网络数据采集进行通信,因此可以看到主从模式是有缺陷的。控制节点会成为整个系统的瓶颈,容易导致整个分布式网络数据采集系统的性能下降。

本节使用 3 台主机进行分布式采集,一台主机作为控制节点,另外两台主机作为网络数据采集节点。相关网络数据采集结构如图 6-1 所示。

6.1.3 工作机制

1. 框架的关键技术点

① Scrapy:实现网络数据采集的主体。Scrapy 是目前非常热门的一种网络数据采

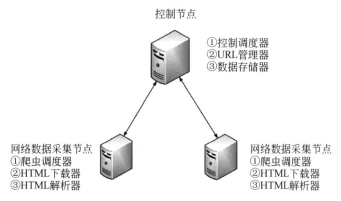

图 6-1　主从结构

集框架,它把整个网络数据采集过程分成多个独立的模块,并提供多个可供扩展的基类,让网络数据采集编写变得简单而有逻辑。Scrapy 自带的多线程、异常处理以及强大的自定义 Settings 也让整个数据采集过程变得高效而稳定。

② Scrapy-Redis:一个第三方的基于 Redis 的分布式网络数据采集框架,配合 Scrapy 使用可以让网络数据采集具有分布式采集功能。

③ MongoDB、MySQL 或其他数据库:针对不同类型的数据,可以根据具体需求选择不同的数据库进行存储。结构化数据可以使用 MySQL 节省空间;非结构化、文本等数据可以采用 MongoDB 等非关系数据提高访问速度。

2. 分布式原理

Scrapy-Redis 实现分布式,其实从原理上来说很简单。这里为方便描述,把核心服务器称为 Master,而把用于运行网络数据采集程序的机器称为 Slave。采用 Scrapy 框架爬取网页时,需要首先给定一些 start_urls,网络数据采集首先访问 start_urls 中的 URL,再根据具体逻辑对其中的元素或者其他二级、二级页面进行采集。而要想实现分布式,只需要在这个 starts_urls 中做文章就行了。

在 Master 上搭建一个 Redis 数据库(注意:这个数据库只用作 URL 的存储,不关心采集的具体数据,不要和后面的 MongoDB 或者 MySQL 混淆),并为每个需要采集的网站类型都开辟一个单独的列表字段。通过设置 Slave 上的 Scrapy-Redis 获取 URL 的地址并作为 Master 地址。这样的结果就是尽管有多个 Slave,但获取 URL 的地方只有一个,那就是服务器 Master 上的 Redis 数据库。由于 Scrapy-Redis 自身的队列机制,Slave 获取的链接不会相互冲突。这样,各个 Slave 在完成爬取任务后,即可把获取的结果汇总到服务器上(这时的数据存储不再是 Redis,而是 MongoDB 或者 MySQL 等存放具体内容的数据库)。

这种方法的好处是程序移植性强,只要处理好路径问题,就可以把 Slave 上的程序移植到另一台机器上运行,基本上就是复制、粘贴的工作了。

3. URL 的生成

上文只介绍了 Slave 读取 URL 的方法,那么这些 URL 是如何出现的呢?首先明确一点,URL 是在 Master 而不是 Slave 上生成的。

对于每个门类的 urls(每个门类对应 Redis 下的一个字段,表示一个 URL 列表),可以单独写一个生成 URL 的脚本。这个脚本要做的事很简单,就是按照需要的格式构造出 URL 并添加到 Redis 中。

对于 Slave,Scrapy 可以通过 Settings 让采集在结束之后不自动关闭,而是不断询问队列中有没有新的 URL,如果有新的 URL,那么继续获取 URL 并进行采集。利用这一特性,就可以通过控制 URL 的生成方法控制 Slave 网络数据采集程序的采集。

4. 定时采集

有了上面的介绍,定时采集的实现就变得简单了,只需要定时执行 URL 生成的脚本即可。这里推荐使用 Linux 下的 crontab 指令,该指令能够非常方便地制订定时任务。

6.2 控制节点

控制节点主要分为 URL 管理器、数据存储器和控制调度器。控制调度器通过三个进程协调 URL 管理器和数据存储器的工作:第一个是 URL 管理进程,负责 URL 的管理和将 URL 传递给网络数据采集节点;第二个是数据提取进程,负责读取网络数据采集节点返回的数据,将返回数据中的 URL 交给 URL 管理进程,将标题和摘要等数据交给数据存储进程;第三个是数据存储进程,负责将数据提取进程中提交的数据存储到本地。控制节点的执行流程如图 6-2 所示。

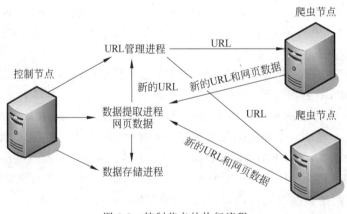

图 6-2 控制节点的执行流程

6.2.1 URL 管理器

由于采用了配置内存去重的方式,如果直接存储大量的 URL 链接,尤其是当 URL

链接很长时,很容易造成内存溢出,所以要对采集过的 URL 进行 MD5 处理,而由于字符串经过 MD5 处理后的信息摘要长度为 128 位,因此将生成的 MD5 摘要存储到 set 可以减少大量的内存消耗。Python 中的 MD5 算法生成的是 256 位,取中间的 128 位即可。同时添加了 save_progress 和 load_progress 方法进行序列化操作,将未采集的 URL 集合序列和已采集的 URL 集合序列存储到本地,保存当前的进度,以便下次恢复状态。URL 管理器 URLManager.py 的代码如下。

```
#-*-coding:utf-8-*-
import cPickle import hashlib
class UrlManager(object):
def __init__(self):
self.new_urls=self.load_progress('new_urls.txt')    #未采集的URL集合
self.old_urls=self.load_progress('old_urls.txt')    #已采集的URL集合
def has_new_url(self):
#判断是否有未采集的URL
return
return self.new_url_size()!=0 def get_new_url(self):
#获取一个未采集的URL
return
new_url=self.new_urls.pop()m=hashlib.md5()
m.update(new_url)
self.old_urls.add(m.hexdigest()[8:-8])
return new_url
def add_new_url(self,url):
#将新的URL添加到未采集的URL集合
url:单个URL
return
if url is None:
return
m=hashlib.md5()
m.update(url)
url_md5=m.hexdigest()[8:-8]
if url not in self.new_urls and url_md5 not in self.old_urls:
self.new_urls.add(url)def add_new_urls(self,urls):
#将新的URLS添加到未采集的URL集合
urls:url集合
return
if urls is None or len(urls)==0:
return
for url in urls:
self.add_new_url(url)
def new_url_size(self):
#获取未采集的URL集合的大小
```

```
return
return len(self.new_urls)def old_url_size(self):
#获取已采集的URL集合的大小
return
return len(self.old_urls)def save_progress(self,path,data):
#保存进度
path:文件路径
data:数据
return
with open(path,'wb') as f:
cPickle.dump(data,f)
def load_progress(self,path):
#从本地文件加载进度
param path:文件路径
return:返回set集合#
print'[+]从文件加载进度:%s'%path
try:with open(path,'rb') as f:tmp=cPickle.load(f)return tmp except:
print'[!]无进度文件,创建:%s'%path return set()
```

6.2.2 数据存储器

数据存储器的内容基本和第4章相同,不过生成文件需要按照当前时间命名,以避免重复,同时要对文件进行缓存写入操作。

```
#-*-coding:utf-8-*-
import codecs
import time
class DataOutput(object):
    def __init__(self):
        self.filepath='baike_%s.html'%(time.strftime("%Y_%m_%d_%H_%M_%S",time.localtime()))
        self.output_head(self.filepath)
        self.datas=[]
    def store_data(self,data):
        if data is None:
            return
        self.datas.append(data)
        if len(self.datas)>10:
            self.output_html(self.filepath)
    def output_head(self,path):
        #将HTML头写入
        return
        fout=codecs.open(path,'w',encoding='utf-8')
```

```
            fout.write("<html>")
            fout.write("<body>")
            fout.write("<table>")
            fout.close()
    def output_html(self,path):
        #将数据写入 HTML 文件
        param path:文件路径
        return:
        fout=codecs.open(path,'a',encoding='utf-8')
        for data in self.datas:
            fout.write("<tr>")
            fout.write("<td>%s</td>"%data['url'])
            fout.write("<td>%s</td>"%data['title'])
            fout.write("<td>%s</td>"%data['summary'])
            fout.write("</tr>")
        self.datas=[]
        fout.close()
    def ouput_end(self,path):
        #输出 HTML 结束
        param path:文件存储路径
        return
        fout=codecs.open(path,'a',encoding='utf-8')
        fout.write("</table>")
        fout.write("</body>")
        fout.write("</html>")
        fout.close()
```

数据提取进程从 result_q 队列读取返回的数据,并将数据中的 URL 添加到 conn_q 队列,交给 URL 管理进程管理,同时将数据中的文章标题和摘要添加到 store_q 队列,示例如下。

```
Def result_solve_proc(self,result_q,conn_q,store_q)
While(true);
Try;
If not result_q.empty();
Content=result_q.get(true)
If content['new_urls']=='end';
#进程接收通知
Print'进程接收通知然后结束';
Store_q.put('end')
return
Conn_q.put(content['new_urls']              #URL 为 set 类型
Store_q.put(content['data'])                #解析出来的数据为 dict 类型
```

```
Else;
Time.sleep(0,1)                                          #延时休息
Except baseException,e;
Time_sleep(0,1)                                          #延时休息
```

数据存储进程从 store_q 队列中读取数据,并调用数据存储器进行数据存储,示例如下。

```
Def store_proc(self,stire_q);
Output=dataoutput()
While true;
If not store_q.empty();
Data=store_q.get()
If data=='end';
Print '!'
Output.output_end(output.filepath)
Return
Output.store_data(data)
Else
Time.sleep(0,1)
```

最后启动分布式管理器、URL 管理进程、数据提取进程和数据存储进程,并初始化 4 个队列,示例如下。

```
if __name__=='__main__':
    #初始化 4 个队列
    url_q = Queue()
    result_q = Queue()
    store_q = Queue()
    conn_q = Queue()
    #创建分布式管理器
    node = NodeManager()
    manager = node.start_Manager(url_q,result_q)
    #创建 URL 管理进程、数据提取进程和数据存储进程
    url_manager_proc = Process(target=node.url_manager_proc, args=(url_q,
conn_q,'http://baike.baidu.com/view/ 284853.htm',))
    result_solve_proc = Process(target=node.result_solve_proc, args=(result
_q,conn_q,store_q,))
    store_proc = Process(target=node.store_proc, args=(store_q,))
    #启动 3 个进程和分布式管理器
    url_manager_proc.start()
    result_solve_proc.start()
    store_proc.start()
    manager.get_server().serve_forever()
```

6.2.3 控制调度器

控制调度器主要用于产生并启动 URL 管理进程、数据提取进程和数据存储进程,同时维护 4 个队列保持进程之间的通信。这里的 4 个队列分别是 url_q、result_q、conn_q、store_q。有关这 4 个队列的说明如下:

- url_q 队列是 URL 管理进程将 URL 传递给网络数据采集节点的通道;
- result_q 队列是网络数据采集节点将数据返回给提取进程的通道;
- conn_q 队列是数据提取进程将新的 URL 数据提交给 URL 管理进程的通道;
- store_q 队列是数据提取进程将读取的数据提交给数据存储进程的通道。

因为需要和工作节点进行通信,所以分布式进程必不可少。分布式进程中的代码如下。

```python
#-*-coding:utf-8-*-
import Queue
from multiprocessing.managers import BaseManager
from multiprocessing import freeze_support
#任务个数
task_number = 10
#定义收发队列
task_queue = Queue.Queue(task_number)
result_queue = Queue.Queue(task_number)
def get_task():
    return task_queue
def get_result():
     return result_queue
#创建类似的QueueManager:
class QueueManager(BaseManager):
    pass
def win_run():
    #Windows下绑定调用接口不能使用lambda,所以只能先定义函数再绑定
    QueueManager.register('get_task_queue',callable = get_task)
    QueueManager.register('get_result_queue',callable = get_result)
    #绑定端口并设置验证口令,Windows下需要填写IP地址,Linux下不填则默认为本地
    manager = QueueManager(address = ('127.0.0.1',8001),authkey = b'qiye')
    #启动
    manager.start()
    try:
        #通过网络获取任务队列和结果队列
        task = manager.get_task_queue()
        result = manager.get_result_queue()
        #添加任务
        for url in ["ImageUrl_"+str(i) for i in range(10)]:
```

```
                print 'put task %s ...' %url
                task.put(url)
            print 'try get result...'
            for i in range(10):
                print 'result is %s' % result.get(timeout=10)
        except:
            print('Manager error')
        finally:
            #一定要关闭，否则会报管道未关闭的错误
            manager.shutdown()
if __name__ == '__main__':
    #Windows下多进程可能会有问题，添加这句可以缓解
    freeze_support()
    win_run()
```

创建一个分布式管理器，定义为 start_Manager 方法，代码如下。

```
def start_Manager(self,url_q,result_q):
//创建一个分布式管理器
#param url_q:url 队列
#param result_q:结果队列
:return
#把创建的两个队列注册在网络上,利用 register 方法,callable 参数关联了 Queue 对象
#将 Queue 对象在网络中暴露
BaseManager.register('get_task_queue',callable=lambda:url_q) BaseManager.
register('get_result_queue',callable=
lambda:result_q)
#绑定端口 8001,设置验证口令 baike,相当于对象的初始化 manager = BaseManager
(address=('',8001), authkey='baike')
#返回 manager 对象
return manager
```

URL 管理进程将从 conn_q 队列获取新的 URL 并提交给 URL 管理器，经过去重取出 URL 并放入 url_q 队列，然后传递给网络数据采集节点，示例如下。

```
def url_manager_proc(self,url_q,conn_q,root_url):
url_manager=UrlManager()
url_manager.add_new_url(root_url)
while True:while(url_manager.has_new_url()):
#从 URL 管理器获取新的 URL
new_url=url_manager.get_new_url()
#将新的 URL 发给工作节点
url_q.put(new_url)
print'old_url=',url_manager.old_url_size()
```

```python
#添加一个判断条件,当爬取2000个链接后就关闭并保存进度
if(url_manager.old_url_size()>2000):
#通知采集节点工作结束
url_q.put('end')
print'控制节点发起结束通知!'
#关闭管理节点,同时存储set状态
url_manager.save_progress('new_urls.txt',url_manager.new_urls)url_manager.
save_progress('old_urls.txt',
url_manager.old_urls)
return                          #将从result_solve_proc获取的URLS添加到URL管理器之间
try:
if not conn_q.empty():
urls=conn_q.get()
url_manager.add_new_urls(urls)
except BaseException,e:time.sleep(0.1)         #延时休息
```

数据提取进程从result_q队列读取返回的数据,并将数据中的URL添加到conn_q队列,交给URL管理进程,将数据中的文章标题和摘要添加到store_q队列,交给数据存储进程,示例如下。

```python
def result_solve_proc(self,result_q,conn_q,store_q):
while(True):
try:
if not result_q.empty():
content=result_q.get(True)
if content['new_urls']=='end':              #结果分析进程接收通知,然后结束
print'结果分析进程接收通知,然后结束!'
store_q.put('end')
return
conn_q.put(content['new_urls'])             #URL为set类型
store_q.put(content['data'])                #解析出来的数据为dict类型
else:time.sleep(0.1)                        #延时休息
except BaseException,e:
time.sleep(0.1)                             #延时休息
```

数据存储进程从store_q队列中读取数据,并调用数据存储器进行数据存储,示例如下。

```python
def store_proc(self,store_q):
output=DataOutput()
while True:
if not store_q.empty():
data=store_q.get()
```

```
if data=='end':
    print'存储进程接收通知,然后结束!'
    output.ouput_end(output.filepath)
    return
output.store_data(data)
else:
    time.sleep(0.1)
```

最后启动分布式管理器、URL管理进程、数据提取进程和数据存储进程,并初始化4个队列,示例如下。

```
if_name_=='_main_':
#初始化4个队列
url_q=Queue()
result_q=Queue()
store_q=Queue()
conn_q=Queue()
#创建分布式管理器
node=NodeManager()
manager=node.start_Manager(url_q,result_q)
#创建URL管理进程、数据提取进程和数据存储进程
url_manager_proc=Process(target=node.url_manager_proc,args=(url_q,conn_q,'http://baike.baidu.com/view/284853.htm',))
result_solve_proc=Process(target=node.result_solve_proc,args=(result_q,conn_q,store_q,)) store_proc=Process(target=node.store_proc,args=(store_q,))
#启动3个进程和分布式管理器
url_manager_proc.start()
result_solve_proc.start()
store_proc.start()
manager.get_server().serve_forever()
```

6.3 采集节点

网络数据采集节点的内容相对简单,主要包含HTML下载器、HTML解析器和网络数据采集调度器,执行流程如下。

① 网络数据采集调度器从控制节点中的url_q队列中读取URL。

② 网络数据采集调度器调用HTML下载器、HTML解析器获取网页中新的URL和标题摘要。

③ 网络数据采集调度器将新的URL、标题、摘要传入result_q队列,交给控制节点。

6.3.1 HTML下载器

HTML下载器的代码与前面的类似,只要注意网页编码即可,示例如下。

```
#coding:utf-8
import requests
class HtmlDownloader(object):
    def download(self,url):
        if url is None:
            return None
        user_agent = 'Mozilla/4.0 (compatible; MSIE 5.5; Windows NT)'
        headers={'User-Agent':user_agent}
        r = requests.get(url,headers=headers)
        if r.status_code==200:
            r.encoding='utf-8'
            return r.text
        return None
```

6.3.2 HTML解析器

HTML解析器的代码示例如下。

```
#coding:utf-8
import re
import urlparse
from bs4 import BeautifulSoup
class HtmlParser(object):
    def parser(self,page_url,html_cont):
        #用于解析网页内容并抽取URL和数据
        param page_url:下载页面的URL
        param html_cont:下载的网页内容
        return
        #返回URL和数据
         if page_url is None or html_cont is None:
            return
        soup = BeautifulSoup(html_cont,'html.parser',from_encoding='utf-8')
        new_urls = self._get_new_urls(page_url,soup)
        new_data = self._get_new_data(page_url,soup)
        return new_urls,new_data
    def _get_new_urls(self,page_url,soup):
        #抽取新的URL集合
        param page_url:下载页面的URL
        param soup:soup
```

```
            return: 返回新的 URL 集合
        new_urls = set()
        #抽取符合要求的 a 标签
        links = soup.find_all('a',href=re.compile(r'/item/.*'))
        for link in links:
            #提取 href 属性
            new_url = link['href']
            #拼接成完整网址
            new_full_url = urlparse.urljoin(page_url,new_url)
            new_urls.add(new_full_url)
        return new_urls
    def _get_new_data(self,page_url,soup):
        #抽取有效数据
        param page_url:下载页面的 URL
        param soup:
        return:返回有效数据
        data={}
        data['url']=page_url
        title = soup.find('dd',class_='lemmaWgt-lemmaTitle-title').find('h1')
        data['title']=title.get_text()
        summary = soup.find('div',class_='lemma-summary')
        #获取 tag 中包含的所有文本内容,包括子孙 tag 中的内容,并将结果作为 Unicode 字符串返回
        data['summary']=summary.get_text()
        return data
```

6.3.3 网络数据采集调度器

网络数据采集调度器需要用到分布式进程中的代码。网络数据采集调度器需要先连接控制节点,然后依次完成从 url_q 队列中获取 URL、下载并解析网页、将获取的数据交给 result_q 队列并返回给控制节点等各项任务,示例如下。

```
class SpiderWork(object):
def _init_(self):
#初始化分布式进程中的工作节点的连接工作
#实现第一步:使用 BaseManager 注册获取 Queue 的方法名称
BaseManager.register('get_task_queue')
BaseManager.register('get_result_queue')
#实现第二步:连接服务器
server_addr='127.0.0.1'
print('Connect to server%s…'%server_addr)
#端口和验证口令注意保持与服务进程设置的完全一致
self.m=BaseManager(address=(server_addr,8001),authkey='baike')
```

```
#从网络连接
self.m.connect()
#实现第三步:获取 Queue 的对象
self.task=self.m.get_task_queue()
self.result=self.m.get_result_queue()
#初始化 HTML 下载器和 HTML 解析器
self.downloader=HtmlDownloader()
self.parser=HtmlParser()
print'init finish'
def crawl(self):
while(True):
try:
if not self.task.empty():
url=self.task.get()
if url=='end':
print'控制节点通知网络数据采集节点停止工作……'
#通知其他节点停止工作
self.result.put({'new_urls':'end','data':'end'})
return
print'网络数据采集节点正在解析:%s'%url.encode('utf-8')
content=self.downloader.download(url)
new_urls,data=self.parser.parser(url,content)self.result.put({"new_urls":
new_urls,"data":data})
except EOFError,e:
print"连接工作节点失败"
return
except Exception,e:
print e
print'Crawl fali'if_name_=="_main_":
spider=SpiderWork()
spider.crawl()
```

在网络数据采集调度器中设置了一个本地 IP(127.0.0.1)。读者可以在一台机器上测试代码的正确性,也可以使用 3 台虚拟专用服务器(Virtual Private Server,VPS)进行测试,其中两台运行网络数据采集节点程序,将 IP 改为控制节点主机的公网 IP;一台运行控制节点程序,进行分布式采集,这样做会更贴近真实的采集环境。

6.4 反爬技术

网络数据采集的本质就是"爬取"第二方网站中有价值的数据,因此每个网站都会或多或少地采用一些反爬技术防范采集。下面介绍一些反爬相关技术。

6.4.1 反爬问题

数据采集与反爬是相爱相杀的一对,简直可以写出一部壮观的斗争史。在大数据时代,数据就是金钱,很多企业都为自己的网站增加了反爬机制,以防止网页上的数据被爬走。然而,如果反爬机制过于严格,则可能误伤真正的用户请求;如果既要和数据采集"死磕",又要保证很低的误伤率,反而又会提高研发成本。

简单低级的数据采集速度快,伪装度低,如果没有反爬机制,它们可以很快地爬取大量数据,甚至会因为请求过多而造成服务器不能正常工作。而伪装度高的数据采集速度慢,对服务器造成的负担也相对较小。所以,网站反爬的重点也是那种简单粗暴的数据采集。有时反爬机制会允许伪装度高的获得数据,毕竟伪装度很高的数据采集与真实用户的请求没有太大差别。

本节主要讨论使用 Scrapy 框架时应对普通反爬机制的方法。

6.4.2 反爬机制

1. header 检验

最简单的反爬就是检查 HTTP 请求的 Headers 信息,包括 User-Agent、Referer、Cookies 等。

(1) User-Agent

User-Agent 用来检查用户所用客户端的种类和版本。在 Scrapy 中,这通常在下载器中间件中进行处理。比如,在 setting.py 中建立一个包含很多浏览器 User-Agent 的列表,然后新建一个 random_user_agent 文件,示例如下。

```
class RandomUserAgentMiddleware(object):
def process_request(cls,request,spider):
ua=random.choice(spider.settings['USER_AGENT_LIST'])
if ua:
request.headers.setdefault('User-Agent',ua)
```

这样就可以在每次请求中随机选取一个真实浏览器的 User-Agent。当使用浏览器访问网站时,浏览器会发送一小段信息给网站,称为 Request Headers,其中包含本次访问的一些信息,如编码方式、当前地址、将要访问的地址等。这些信息一般来说是不必要的,但是现在很多网站会把它们利用起来,其中最常用到的一个信息叫作 User-Agent。网站可以通过 User-Agent 判断用户使用的是什么浏览器。不同浏览器的 User-Agent 是不一样的,但都遵循一定的规则。例如,Windows 的 Chrome 浏览器如果使用 Python 的 Requests 直接访问网站,那么除了网址以外,不提供其他信息,这时网站收到的 User-Agent 为空。这个时候,网站就知道不是使用浏览器访问的,于是就可以拒绝访问。没有 User-Agent 的情况如图 6-3 所示。

有 User-Agent 的情况如图 6-4 所示。

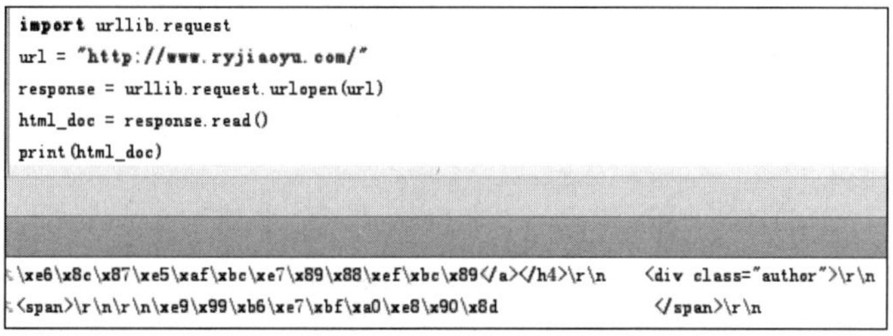

第 6 章 分布式网络数据采集

```
import urllib.request
url = "http://www.ryjiaoyu.com/"
response = urllib.request.urlopen(url)
html_doc = response.read()
print(html_doc)
```

\xe6\x8c\x87\xe5\xaf\xbc\xe7\x88\xef\xbc\x89</a></h4>\r\n   <div class="author">\r\n
<span>\r\n\r\n\xe9\x99\xb6\xe7\xbf\xa0\xe8\x90\x8d   </span>\r\n

图 6-3　没有 User-Agent 的情况

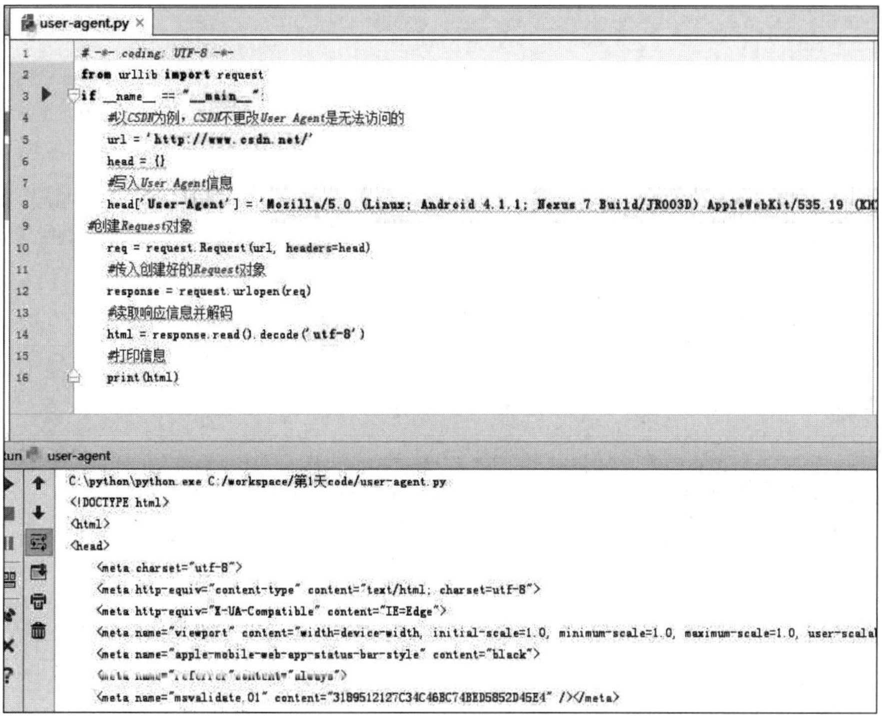

```python
# -*- coding: UTF-8 -*-
from urllib import request
if __name__ == "__main__":
    #以CSDN为例，CSDN不更改User Agent是无法访问的
    url = 'http://www.csdn.net/'
    head = {}
    #写入User Agent信息
    head['User-Agent'] = 'Mozilla/5.0 (Linux; Android 4.1.1; Nexus 7 Build/JRO03D) AppleWebKit/535.19 (KH
    #创建Request对象
    req = request.Request(url, headers=head)
    #传入创建好的Request对象
    response = request.urlopen(req)
    #读取响应信息并解码
    html = response.read().decode('utf-8')
    #打印信息
    print(html)
```

```
C:\python\python.exe C:/workspace/第1天code/user-agent.py
<!DOCTYPE html>
<html>
<head>
    <meta charset="utf-8">
    <meta http-equiv="content-type" content="text/html; charset=utf-8">
    <meta http-equiv="X-UA-Compatible" content="IE=Edge">
    <meta name="viewport" content="width=device-width, initial-scale=1.0, minimum-scale=1.0, maximum-scale=1.0, user-scala
    <meta name="apple-mobile-web-app-status-bar-style" content="black">
    <meta name="referrer"content="always">
    <meta name="msvalidate.01" content="31B9512127C34C46BC74BED5852D45E4" /></meta>
```

图 6-4　有 User-Agent 的情况

　　如何获取网站的 User-Agent 呢？打开 Chrome 浏览器，打开任意一个网站，然后右击，在弹出的快捷菜单中选择"检查"选项，打开开发者工具，定位到 Network 选项卡并刷新网页，如图 6-5 所示。

　　左下角会出现当前网页加载的所有元素。随便单击一个元素，右下角会出现对当前元素的请求信息。在里面找到 Request Headers 选项，里面的内容即为需要的内容。不同的网站，Request Headers 是不同的。提示：Requests 的 get 方法、post 方法和 Session 模块的 get 方法、post 方法都支持自定义 Headers，参数名为 headers，它可以接收字典作为参数，可以通过字典设定 Headers，而通过设定 Request Headers 中的 User-Agent 可以突破反爬机制。

　　User-Agent 已经设置好了，但是还要考虑一个问题：程序的运行速度是很快的，如

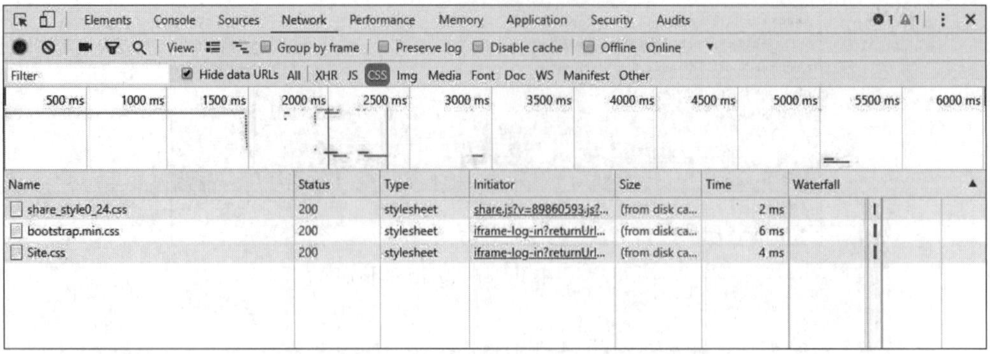

图 6-5 获取网站的 User-Agent

果利用一个采集程序在网站采集数据，对一个固定 IP 地址的访问频率就会很高，这不符合人为操作的标准，因为人不可能在几毫秒内进行如此频繁的访问。所以一些网站会设置一个 IP 地址访问频率的阈值，如果对一个 IP 地址的访问频率超过这个阈值，就说明不是人在访问，而是一个数据采集程序。一个很简单的解决办法就是设置延时，但是这显然不符合快速采集信息的要求，所以更好的方法就是使用 IP 代理。创建文件 Agent.py，编写如下代码。

```
#-*- coding: UTF-8 -*-
from urllib import request
if __name__ == "__main__":
    #访问网址
    url = 'http://www.tup.tsinghua.edu.cn/'
    #这是代理 IP
    proxy = {'http':'106.46.136.112:808'}
    #创建 ProxyHandler
    proxy_support = request.ProxyHandler(proxy)
    #创建 Opener
    opener = request.build_opener(proxy_support)
    #添加 User-Agent
    opener.addheaders = [('User-Agent','Mozilla/5.0 (Windows NT 6.1; Win64; x64) AppleWebKit/537.36 (KHTML, like Gecko) Chrome/56.0.2924.87 Safari/537.36')]
    #安装 Opener
    request.install_opener(opener)
    #使用自己安装好的 Opener
    response = request.urlopen(url)
    #读取相应信息并解码
    html = response.read().decode("utf-8")
    #打印信息
    print(html)
```

正常系统的 User-Agent 如表 6-1 所示。

表 6-1 User-Agent 表

平台	标识	备注
FreeBSD	X11；FreeBSD (version no.) i386	
	X11；FreeBSD (version no.) AMD64	
Linux	X11；Linux ppc	
	X11；Linux ppc64	
	X11；Linux i686	
	X11；Linux x86_64	
Mac OS	Macintosh；PPC Mac OS X	
	Macintosh；Intel Mac OS X	
Windows	Windows NT 6.1	对应操作系统 Windows 7
	Windows NT 6.0	对应操作系统 Windows Vista
	Windows NT 5.2	对应操作系统 Windows 2003
	Windows NT 5.1	对应操作系统 Windows XP
	Windows NT 5.0	对应操作系统 Windows 2000
	Windows Me	
	Windows 98	

在实际情况下，因浏览器的不同，还有各种其他的 User-Agent。

（2）Referer

Referer 用于检查一个请求是由哪里来的，通常可以做图片的盗链判断。在 Scrapy 中，如果某个页面 URL 是通过之前采集的页面提取到的，那么 Scrapy 会自动把之前采集的页面 URL 作为 Referer。也可以通过上面的方式自定义 Referer 字段。

（3）Cookies

网站可能会检测 Cookies 中 session_id 的使用次数，如果超过限制，就会触发反爬机制。可以在 Scrapy 中设置 COOKIES_ENABLED=False，让请求不带 Cookies。

也有的网站强制开启 Cookies，这时就要麻烦一些了。可以另写一个简单的数据采集程序，定时向目标网站发送不带 Cookies 的请求，提取响应中的 Set-cookie 字段信息并保存。采集网页时，再把存储的 Cookies 带入 Headers。

（4）X-Forwarded-For

在请求头中添加 X-Forwarded-For 字段，将自己声明为一个透明的代理服务器，一些网站对代理服务器会手软一些。X-Forwarded-For 的一般格式如下。

```
X-Forwarded-For:client1,proxy1,proxy2
```

这里将 client1、proxy1 设置为随机 IP 地址，把自己的请求伪装成代理的随机 IP 产生的请求。然而由于 X-Forwarded-For 可以随意篡改,因此很多网站并不会信任这个值。

2. 限制 IP 的请求数量

如果某一 IP 的请求速度过快,就会触发反爬机制。虽然可以放慢采集速度,但这样一来,采集网页耗费的时间将大幅延长。另一种方法就是添加代理,可以在下载器中间件中添加代码,示例如下。

```
request.meta['proxy']='http://'+'proxy_host'+':'+proxy_port
```

然后在每次请求时使用不同的代理 IP。然而问题是如何获取大量的代理 IP? 可以自己编写一个 IP 代理获取和维护系统,定时从各种披露免费代理 IP 的网站上采集免费 IP 代理,然后定时扫描这些 IP 和端口是否可用,将不可用的代理 IP 及时清理。这样就有了一个动态的代理库,每次请求再从库中随机选择一个代理。然而这个方案的缺点也很明显,获取和维护系统本身就很费时费力,这种免费代理的数量并不多,而且稳定性都比较差。如果必须用到代理,也可以购买一些稳定的代理服务。这些服务大多会用到带认证的代理。在 Requests 库中添加带认证的代理很简单,示例如下。

```
proxies={
"http":"http://user:pass@10.10.1.10:3128/",
}
```

然而 Scrapy 不支持这种认证方式,需要将认证信息进行 Base64 编码,并加入 Headers 的 Proxy-Authorization 字段,示例如下。

```
import base64
#Set the location of the proxy
proxy_string=choice(self._get_proxies_from_file('proxies.txt'))#user:pass@ip:port
proxy_items=proxy_string.split('@')
request.meta['proxy']="http://%s"%proxy_items[1]
#setup basic authentication for the proxy
user_pass=base64.encodestring(proxy_items[0])
request.headers['Proxy-Authorization']='Basic'+user_pass
```

3. 动态加载

现在,越来越多的网站使用 Ajax 动态加载内容。可以根据 Ajax 请求构造出相应的 API 请求的 URL,就可以直接获取想要的内容。很多时候,Ajax 请求都会经过后端授权,不能直接通过构造 URL 获取。这时就可以通过 PhantomJS+Selenium 模拟浏览器行为,爬取经过 JS 渲染后的页面。具体可以参考 Scrapy+PhantomJS+Selenium 动态网络数据采集。需要注意的是,使用 Selenium 后,请求不再由 Scrapy 的 Downloader 执行,所以之前添加的请求头等信息都会失效,需要在 Selenium 中重新添加,示例如下。

```
headers={...}
for key,value in headers.iteritems():
webdriver.DesiredCapabilities.PHANTOMJS['phantomjs.page.customHeaders.{}'.
format(key)]=value
```

另外，调用 PhantomJS 需要指定 PhantomJS 的可执行文件路径，通常是将该路径添加到系统的 Path 中，让程序执行时自动去 Path 中寻找，网络数据采集经常会被放到 crontab 中定时执行，而 crontab 中的环境变量和系统的环境变量不同，所以就加载不到 PhantomJS 需要的路径，最好是在声明时指定路径，示例如下。

```
driver=webdriver.PhantomJS(executable_path='/usr/local/bin/phantomjs')
```

4. 访问频率限制

受到一些网站的访问时间限制，网络数据采集是不能快速进入下一页的。这个时候就需要修改它的访问时间：在它访问下一页时，通过 POST 方式修改 read_time。这种情况现在已经极少遇到了，因为这种办法根本没有任何防御能力。大多数情况下，遇到的是访问频率限制，如果访问太快，网站就会认为这不是一个人。在这种情况下，需要设定频率的阈值，否则有可能误伤。如果读者考过托福或者在 12306 上买过火车票，应该都会有这样的体会，有时候即便是真的在人工操作页面，但是若鼠标点得太快了，相应的网站都会提示"操作频率太高"。遇到这种情况，最直接的办法是限制访问时间，例如每隔 5 秒访问一次页面。但如果遇到"聪明"一点的网站，它会检测到在一定时间范围内访问了几十个页面，且每次访问都刚好间隔 5 秒，人怎么可能做到如此准确的时间间隔，这肯定是网络数据采集！所以访问时间间隔可以设定为一个随机值，例如 0～10 的随机秒数。当然，如果遇到限制访问频率的网站，使用 Selenium 访问就显得比较有优势了，因为 Selenium 打开一个页面本身就需要一定的时间，所以因祸得福，它的效率低下反而让网络数据采集绕过了频率检查的反爬机制。Selenium 还可以渲染网页的 JavaScript，省去了人工分析 JavaScript 源码的麻烦，可谓一举两得。

5. 代理 IP 和分布式网络数据采集

如果对页面的网络数据采集效率有较高的要求，那么就不能通过设定访问时间间隔的方法绕过频率检查了。代理 IP 访问可以解决这个问题。如果用 100 个代理 IP 访问 100 个页面，就可以给网站造成一种有 100 个人、每个人访问了一页的错觉，这样就不会被限制访问了。代理 IP 有时不稳定。在搜索引擎搜索关键词"免费代理"会出现很多网站，每个网站也有很多的代理 IP，但实际上真正可用的代理 IP 并不多。这时需要维护一个可用的代理 IP 池，但是一个免费的代理 IP 也许在测试时是可以使用的，但是几分钟后就失效了。使用免费代理 IP 是一件费时费力且很依赖运气的事情。如图 6-6 所示，读者可以使用这个网站检测代理 IP 是否设定成功。当直接使用浏览器访问这个网站时，它会返回 IP 地址。

图 6-6　返回结果

通过 Requests 可以设置代理访问网站。在 Requests 的 get 方法中有一个 proxies 参数,它接收的数据是一个字典,而在这个字典中可以设置代理。读者可以在 Requests 的官方文档中看到关于设置代理的更多信息。

这里选择 HTTP 类型的代理做演示,运行结果如图 6-7 所示。

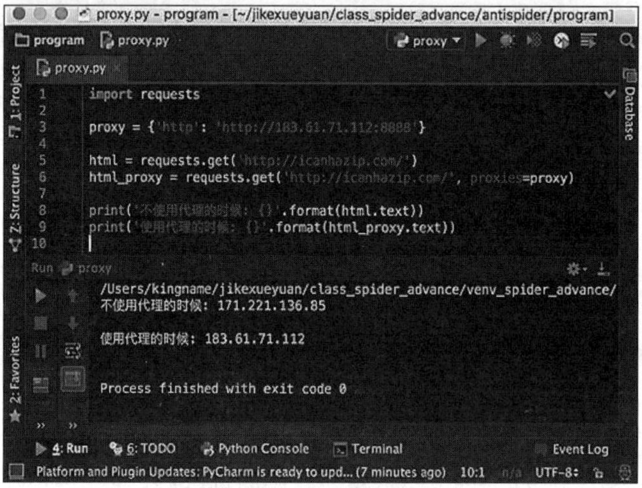

图 6-7　代理配置

从图 6-7 可以看出,网络数据采集程序成功地通过代理 IP 访问了网站。

还可以使用分布式网络数据采集。分布式网络数据采集会部署在多台服务器上,每台服务器上的网络数据采集统一从一个地方采集网址。这样平均下来,每台服务器访问网站的频率也就降低了。这时,由于服务器是掌握在自己手上的,所以实现的网络数据采集会更加稳定和高效。

6. 蜜罐技术

蜜罐这个词最早来自于网络攻防:一方会故意设置一台或者几台服务器,故意留下漏洞,让另一方轻易入侵进来,这些被故意设置的服务器就叫作蜜罐,里面可能安装了监控软件,用来监控入侵者。同时,蜜罐还可以拖延入侵者的时间。在反爬机制中,也有一种蜜罐技术。网页上会故意留下一些人们看不到或者绝对不会单击的链接。由于数据采集会从源码中获取内容,所以数据采集可能会访问这样的链接。这时,只要网站发现了有 IP 地址访问了这个链接,就会立刻永久封禁该 IP 地址和 User-Agent+MAC 地址等可以识别访问者身份的所有信息。这时,访问者即便更换 IP 地址,也无法访问这个网站了。这给数据采集造成了非常大的访问障碍。不过幸运的是,定向数据采集的爬行轨迹是人为决定的,数据采集会访问哪些网址都是事先知道的,因此即使网站有蜜罐,定向数据采集也不一定会中招。

6.4.3 浏览器伪装技术

其实在前面的学习中已经介绍了一些简单的浏览器伪装技术。比如,在采集网站时,会设置 Headers 信息中的 User-Agent 字段,这就是一种浏览器伪装技术,只不过这种浏览器伪装技术比较简单。在采集某些网站时,这种伪装可能并不够用,所以本节将介绍一些高相似度的浏览器伪装技术,并更深入地剖析浏览器伪装技术的原理。

概括 6.4.2 节的内容,目前常见的反爬机制主要有以下几种:

① 通过分析用户请求的 Headers 信息进行反爬;

② 通过检测用户行为进行反爬,比如通过判断同一个 IP 地址在短时间内是否频繁访问对应网站等进行分析;

③ 通过动态网页提高网络数据采集的难度,达到反爬的目的。

第一种反爬机制在目前的网站中应用得最多,这也是本节要解决的问题。一般来说,大部分反爬的网站会对用户请求的 Headers 信息的 User-Agent 字段进行检测,以此判断用户的身份。有时,这类反爬的网站还会对 Referer 字段进行检测。可以在网络数据采集中构造这些用户请求的 Headers 信息,以此将网络数据采集伪装成浏览器,简单的伪装只需要设置 User-Agent 字段的信息即可,如果要进行高相似度的浏览器伪装,则需要将用户请求的 Headers 信息中的常见字段都在网络数据采集中设置好。

第二种反爬机制的网站,可以通过之前学习的使用代理服务器并经常切换代理服务器的方式攻克限制。

第三种反爬机制的网站,可以利用一些工具软件,如 Selenium + PhantomJS 攻克限制。

下面主要分析如何攻克反爬网站的第一类限制机制,这里会采用高相似度的浏览器伪装技术。

1. HTTP 请求方式

HTTP 请求方式如表 6-2 所示。

表 6-2　HTTP 请求方式示意

方　　法	作　　用
GET	向 Web 服务器请求一个文件
POST	向 Web 服务器发送数据并让 Web 服务器进行处理
PUT	向 Web 服务器发送数据并存储在 Web 服务器内部
HEAD	检查一个对象是否存在

续表

方　　法	作　　用
DELETE	从 Web 服务器上删除一个文件
CONNECT	对通道提供支持
TRACE	跟踪服务器的路径
OPTIONS	查询 Web 服务器的性能

说明：主要使用 GET 和 POST 方法。

HTTP 基于请求和应答机制，客户端提出请求，服务端提供应答。urllib2 用一个 Request 对象映射提出的 HTTP 请求，在其最简单的使用形式中，用请求的地址创建一个 Request 对象，通过调用 urlopen 并传入 Request 对象返回一个相关请求的 Response 对象。这个 Response 对象如同一个文件对象，所以可以在 Response 中调用 read()。但是在 HTTP 请求时，允许做额外的两件事：首先是能够发送 data 表单数据；其次是能够传送额外的关于数据或发送本身的信息（metadata）到服务器，此数据将作为 HTTP 的 Headers 发送。

2. 伪装成浏览器

Python 的网页采集功能非常强大，使用 urllib 或者 urllib2 可以很轻松地采集网页内容。但是要注意，可能很多网站都设置了防采集功能，不是那么轻松地就能采集到想要的内容的。浏览器网页的报头中用 User-Agent 字段对应的值判断是否是浏览器。所以如果要模拟成浏览器，就要在请求时对报文进行修改，将 User-Agent 的值改成对应的浏览器应该有的值。

打开博客，然后按 F12 键，再按 F5 键进行刷新，得到的页面如图 6-8 所示。随便单击一个网页，找到 Network，随便单击一个 wh.js 文件，然后在 header 中寻找 User-Agent 这个字段，会发现这个字段对应一个值，把这个值复制下来。

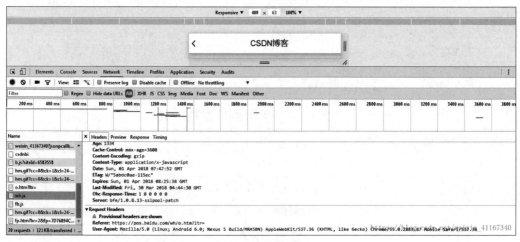

图 6-8　属性数值

此时打开本地网页,就出现了采集的网页,如图 6-9 所示。

图 6-9　采集结果网页

综上,代码具体如下。

```
import urllib.request
url="*"
headers=("User-Agent","Mozilla/5.0(Linux;Android 6.0;Nexus 5 Build/MRA58N)
AppleWebKit/537.36(KHTML, like Gecko) Chrome/55.0.2883.87 Mobile Safari/537.
36")
opener=urllib.request.build_opener()
opener.addheaders=[headers]
data=opener.open(url).read()
fh=open("C:/BaiduDownload/Python 网络数据采集/WODE/019.html","wb")
fh.write(data)
fh.close()
```

6.5　实验 7: Scrapy 分布式网络数据采集

下面介绍通过 Scrapy 分布式网络数据采集实现爬取 Web 站点并从页面中提取结构化数据的过程。

6.5.1　创建起点数据采集项目

在开始编程之前,首先需要根据项目需求对网站进行分析,项目目标是提取小说的名称、作者、分类、状态、更新时间、字数、点击量、人气等数据信息。首先打开起点中文网网站首页,如图 6-10 所示。

可以在图书列表中找到每本书的名称、作者、字数、点击量、更新时间、字数等信息,同时将页面滑到底部,可以看到翻页按钮,如图 6-11 所示。

接着选择其中一部小说并单击,可以进入小说的详情页面,在作品的信息中可以找到

图 6-10　起点中文网网站首页

图 6-11　详细页面列表

点击量、人气和推荐等数据，如图 6-12 所示。

在了解网站框架结构之后进行分布式数据采集，编程就可以正式开始了。首先在命令行中输入用于存储项目的路径，然后输入命令，创建网站数据采集项目和数据采集模块，示例如下。

```
scrapy startproject qidianCrawl
cd qidianCrawl
scrapy genspider -t crawl qidian.com
```

图 6-12　内容页面

6.5.2　定义 Item

创建工程之后，首先要做的是定义 Item，确定需要提取的结构化数据，主要是定义两个 Item，一个是负责装载小说的基本信息，另一个是负责装载小说的热度（点击量和人气），示例如下。

```
import scrapy
class QidianBookListItem(scrapy.Item):
    novelId = scrapy.Field()
    novelName = scrapy.Field()
    novelLink = scrapy.Field()
    novelAuthor = scrapy.Field()
    novelType = scrapy.Field()
    novelStatus = scrapy.Field()
    novelUpdateTime = scrapy.Field()
    novelWords = scrapy.Field()
    novelImageUrl = scrapy.Field()
class QidianBookDetailItem(scrapy.Item):
    novelId = scrapy.Field()
    novelLabel   =scrapy.Field()
    novelAllClick = scrapy.Field()
    novelMonthClick = scrapy.Field()
    novelWeekClick = scrapy.Field()
    novelAllPopular = scrapy.Field()
```

```
            novelMonthPopular = scrapy.Field()
            novelWeekPopular = scrapy.Field()
            novelCommentNum = scrapy.Field()
            novelAllComm = scrapy.Field()
            novelMonthComm = scrapy.Field()
            novelWeekComm = scrapy.Field()
```

6.5.3 编写网络数据采集模块

通过 gennspider 命令已经创建了一个基于 CrawlSpider 类的模块，类名为 YQidianQq-ComSpider。下面开始进行页面的解析，主要有两个方法：Parse_book_list 方法用于解析图书列表，抽取其中的小说基本信息；Parse_book_detail 方法用于解析页面中小说的点击量和人气等数据。对于翻页链接抽取，可以在 rules 中定义抽取规则，翻页链接基本上符合"/bk/so2/n30p\d"这种形式，示例如下。

```
#-*- coding: utf-8 -*-
import scrapy
from scrapy.linkextractors import LinkExtractor
from scrapy.spiders import CrawlSpider, Rule
from QidianCrawl.items import QidianBookListItem, QidianBookDetailItem
from scrapy.http import Request
class QidianQqComSpider(CrawlSpider):
    name = 'Qidian.qq.com'
    allowed_domains = ['Qidian.qq.com']
    start_urls = ['http://Qidian.qq.com/bk/so2/n30p1']
    rules = (
        Rule(LinkExtractor(allow=r'/bk/so2/n30p\d+'), callback='parse_book_list', follow=True),
    )
    def parse_book_list(self,response):
        books = response.xpath(".//div[@class='book']")
        for book in books:
            novelImageUrl = book.xpath("./a/img/@src").extract_first()
            novelId = book.xpath("./div[@class='book_info']/h3/a/@id").extract_first()
            novelName =book.xpath("./div[@class='book_info']/h3/a/text()").extract_first()
            novelLink = book.xpath("./div[@class='book_info']/h3/a/@href").extract_first()
            novelInfos = book.xpath("./div[@class='book_info']/dl/dd[@class='w_auth']")
            if len(novelInfos)>4:
                novelAuthor = novelInfos[0].xpath('./a/text()').extract_first()
```

```python
                novelType = novelInfos[1].xpath('./a/text()').extract_first()
                novelStatus = novelInfos[2].xpath('./text()').extract_first()
                novelUpdateTime = novelInfos[3].xpath('./text()').extract_first()
                novelWords   = novelInfos[4].xpath('./text()').extract_first()
            else:
                novelAuthor=''
                novelType =''
                novelStatus=''
                novelUpdateTime=''
                novelWords=0
            bookListItem = QidianBookListItem(novelId=novelId,novelName=novelName,
novelLink=novelLink,novelAuthor=novelAuthor,
novelType=novelType,novelStatus=novelStatus,
novelUpdateTime=novelUpdateTime,novelWords=novelWords,
novelImageUrl=novelImageUrl)
            yield bookListItem
            request = scrapy.Request(url=novelLink,callback=self.parse_book
_detail)
            request.meta['novelId'] = novelId
            yield request
    def parse_book_detail(self,response):
        #from scrapy.shell import inspect_response
        #inspect_response(response, self)
        novelId = response.meta['novelId']
        novelLabel = response.xpath("//div[@class='tags']/text()").extract_first()
        novelAllClick = response.xpath(".//*[@id='novelInfo']/table/tr[2]/
td[1]/text()").extract_first()
        novelAllPopular = response.xpath(".//*[@id='novelInfo']/table/tr
[2]/td[2]/text()").extract_first()
        novelAllComm = response.xpath(".//*[@id='novelInfo']/table/tr[2]/td
[3]/text()").extract_first()

        novelMonthClick = response.xpath(".//*[@id='novelInfo']/table/tr
[3]/td[1]/text()").extract_first()
        novelMonthPopular = response.xpath(".//*[@id='novelInfo']/table/tr
[3]/td[2]/text()").extract_first()
        novelMonthComm = response.xpath(".//*[@id='novelInfo']/table/tr[3]/
td[3]/text()").extract_first()
        novelWeekClick = response.xpath(".//*[@id='novelInfo']/table/tr[4]/
td[1]/text()").extract_first()
        novelWeekPopular = response.xpath(".//*[@id='novelInfo']/table/tr
[4]/td[2]/text()").extract_first()
```

```
        novelWeekComm = response.xpath(".//*[@id='novelInfo']/table/tr[4]/
td[3]/text()").extract_first()
        novelCommentNum = response.xpath(".//*[@id='novelInfo_commentCount
']/text()").extract_first()
        bookDetailItem = QidianBookDetailItem(novelId=novelId,novelLabel=
novelLabel,novelAllClick=novelAllClick, novelAllPopular=novelAllPopular,
 novelAllComm=novelAllComm, novelMonthClick=novelMonthClick, novelMonthPopular=
novelMonthPopular,
 novelMonthComm=novelMonthComm, novelWeekClick=novelWeekClick, novelWeekPopular
=novelWeekPopular,
 novelWeekComm=novelWeekComm, novelCommentNum=novelCommentNum)
        yield bookDetailItem
```

读者对页面的抽取应该已经很熟悉了,以上代码很简单,这里不再赘述。

6.5.4 Pipeline

6.5.3 节完成了网络数据采集模块的编写,下面开始编写 Pipeline,主要是完成 Item 到 MongoDB 的存储,即分成两个集合进行存储,相关示例如下。

```
#-*- coding: utf-8 -*-
import re
import pymongo
from QidianCrawl.items import QidianBookListItem
class QidiancrawlPipeline(object):
    def __init__(self, mongo_uri, mongo_db,replicaset):
        self.mongo_uri = mongo_uri
        self.mongo_db = mongo_db
        self.replicaset = replicaset
    @classmethod
    def from_crawler(cls, crawler):
        return cls(
            mongo_uri=crawler.settings.get('MONGO_URI'),
            mongo_db=crawler.settings.get('MONGO_DATABASE', 'Qidian'),
            replicaset = crawler.settings.get('REPLICASET')
        )
    def open_spider(self, spider):
        self.client = pymongo.MongoClient(self.mongo_uri,replicaset=self.
replicaset)
        self.db = self.client[self.mongo_db]
    def close_spider(self, spider):
        self.client.close()
    def process_item(self, item, spider):
        if isinstance(item,QidianBookListItem):
```

```python
                self._process_booklist_item(item)
            else:
                self._process_bookDetail_item(item)
        return item
    def _process_booklist_item(self,item):
        处理小说信息
        :param item:
        return
        self.db.bookInfo.insert(dict(item))
    def _process_bookDetail_item(self,item):
        #处理小说热度
:param item:
        return
        #需要对数据进行清洗,提取其中的数字
        pattern = re.compile('\d+')
        #去掉空格和换行
        item['novelLabel'] = item['novelLabel'].strip().replace('\n','')
        match = pattern.search(item['novelAllClick'])
        item['novelAllClick'] = match.group() if match else item
['novelAllClick']
        match = pattern.search(item['novelMonthClick'])
        item['novelMonthClick'] = match.group() if match else item
['novelMonthClick']
        match = pattern.search(item['novelWeekClick'])
        item['novelWeekClick'] = match.group() if match else item
['novelWeekClick']
        match = pattern.search(item['novelAllPopular'])
        item['novelAllPopular'] = match.group() if match else item
['novelAllPopular']
        match = pattern.search(item['novelMonthPopular'])
        item['novelMonthPopular'] = match.group() if match else item
['novelMonthPopular']
        match = pattern.search(item['novelWeekPopular'])
        item['novelWeekPopular'] = match.group() if match else item
['novelWeekPopular']
        match = pattern.search(item['novelAllComm'])
        item['novelAllComm'] = match.group() if match else item
['novelAllComm']
        match = pattern.search(item['novelMonthComm'])
        item['novelMonthComm'] = match.group() if match else item
['novelMonthComm']
        match = pattern.search(item['novelWeekComm'])
        item['novelWeekComm'] = match.group() if match else item
['novelWeekComm']
        self.db.bookhot.insert(dict(item))
```

最后在 settings 中添加如下代码,激活 Pipeline。

```
ITEM_PIPELINES = {
'QidianCrawl.pipelines.QidiancrawlPipeline': 300,
}
```

6.5.5 应对反爬机制

为了不被反爬机制检测到,需要采取伪造随机 User-Agent、自动限速、禁用 Cookie 等措施。

1. 伪造随机 User-Agent

使用之前编写的中间件,示例如下。

```
#-*-coding:utf-8-*-
import random
#这个类主要用于产生随机 User-Agent#
class RandomUserAgent(object):
    def __init__(self,agents):
        self.agents = agents
    @classmethod
    def from_crawler(cls,crawler):
        return cls(crawler.settings.getlist('USER_AGENTS'))
                                                              #返回的是本类的实例
cls ==RandomUserAgent
    def process_request(self,request,spider):
        request. headers. setdefault ('User - Agent', random. choice (self.
agents))
```

在 settings 中设置 USER_AGENTS 的值,示例如下。

```
USER_AGENTS = [
    "Mozilla/4.0 (compatible; MSIE 6.0; Windows NT 5.1; SV1; AcooBrowser; .NET CLR 1.1.4322; .NET CLR 2.0.50727)",
    "Mozilla/4.0 (compatible; MSIE 7.0; Windows NT 6.0; Acoo Browser; SLCC1; .NET CLR 2.0.50727; Media Center PC 5.0; .NET CLR 3.0.04506)",
    "Mozilla/4.0 (compatible; MSIE 7.0; AOL 9.5; AOLBuild 4337.35; Windows NT 5.1; .NET CLR 1.1.4322; .NET CLR 2.0.50727)",
    "Mozilla/5.0 (Windows; U; MSIE 9.0; Windows NT 9.0; en-US)",
    "Mozilla/5.0 (compatible; MSIE 9.0; Windows NT 6.1; Win64; x64; Trident/5.0; .NET CLR 3.5.30729; .NET CLR 3.0.30729; .NET CLR 2.0.50727; Media Center PC 6.0)",
    "Mozilla/5.0 (compatible; MSIE 8.0; Windows NT 6.0; Trident/4.0; WOW64; Trident/4.0; SLCC2; .NET CLR 2.0.50727; .NET CLR 3.5.30729; .NET CLR 3.0.30729; .NET CLR 1.0.3705; .NET CLR 1.1.4322)",
```

```
    "Mozilla/4.0 (compatible; MSIE 7.0b; Windows NT 5.2; .NET CLR 1.1.4322; .NET
CLR 2.0.50727; InfoPath.2; .NET CLR 3.0.04506.30)",
    "Mozilla/5.0 (Windows; U; Windows NT 5.1; zh-CN) AppleWebKit/523.15
(KHTML, like Gecko, Safari/419.3) Arora/0.3 (Change: 287 c9dfb30)",
    "Mozilla/5.0 (X11; U; Linux; en-US) AppleWebKit/527+ (KHTML, like Gecko,
Safari/419.3) Arora/0.6",
    "Mozilla/5.0 (Windows; U; Windows NT 5.1; en-US; rv:1.8.1.2pre) Gecko/
20070215 K-Ninja/2.1.1",
    "Mozilla/5.0 (Windows; U; Windows NT 5.1; zh-CN; rv:1.9) Gecko/20080705
Firefox/3.0 Kapiko/3.0",
    "Mozilla/5.0 (X11; Linux i686; U;) Gecko/20070322 Kazehakase/0.4.5",
    "Mozilla/5.0 (X11; U; Linux i686; en-US; rv:1.9.0.8) Gecko Fedora/1.9.0.8-
1.fc10 Kazehakase/0.5.6",
    "Mozilla/5.0 (Windows NT 6.1; WOW64) AppleWebKit/535.11 (KHTML, like
Gecko) Chrome/17.0.963.56 Safari/535.11",
    "Mozilla/5.0 (Macintosh; Intel Mac OS X 10_7_3) AppleWebKit/535.20 (KHTML,
like Gecko) Chrome/19.0.1036.7 Safari/535.20",
    "Opera/9.80 (Macintosh; Intel Mac OS X 10.6.8; U; fr) Presto/2.9.168
Version/11.52",
    "Mozilla/5.0 (Windows NT 6.1; WOW64) AppleWebKit/536.11 (KHTML, like
Gecko) Chrome/20.0.1132.11 TaoBrowser/2.0 Safari/536.11",
    "Mozilla/5.0 (Windows NT 6.1; WOW64) AppleWebKit/537.1 (KHTML, like Gecko)
Chrome/21.0.1180.71 Safari/537.1 LBBROWSER",
    "Mozilla/5.0 (compatible; MSIE 9.0; Windows NT 6.1; WOW64; Trident/5.0;
SLCC2; .NET CLR 2.0.50727; .NET CLR 3.5.30729; .NET CLR 3.0.30729; Media Center
PC 6.0; .NET4.0C; .NET4.0E; LBBROWSER)",
    "Mozilla/4.0 (compatible; MSIE 6.0; Windows NT 5.1; SV1; QQDownload 732; .
NET4.0C; .NET4.0E; LBBROWSER)",
    "Mozilla/5.0 (Windows NT 6.1; WOW64) AppleWebKit/535.11 (KHTML, like
Gecko) Chrome/17.0.963.84 Safari/535.11 LBBROWSER",
    "Mozilla/4.0 (compatible; MSIE 7.0; Windows NT 6.1; WOW64; Trident/5.0;
SLCC2; .NET CLR 2.0.50727; .NET CLR 3.5.30729; .NET CLR 3.0.30729; Media Center
PC 6.0; .NET4.0C; .NET4.0E)",
    "Mozilla/5.0 (compatible; MSIE 9.0; Windows NT 6.1; WOW64; Trident/5.0;
SLCC2; .NET CLR 2.0.50727; .NET CLR 3.5.30729; .NET CLR 3.0.30729; Media Center
PC 6.0; .NET4.0C; .NET4.0E; QQBrowser/7.0.3698.400)",
    "Mozilla/4.0 (compatible; MSIE 6.0; Windows NT 5.1; SV1; QQDownload 732; .
NET4.0C; .NET4.0E)",
    "Mozilla/4.0 (compatible; MSIE 7.0; Windows NT 5.1; Trident/4.0; SV1;
QQDownload 732; .NET4.0C; .NET4.0E; 360SE)",
    "Mozilla/4.0 (compatible; MSIE 6.0; Windows NT 5.1; SV1; QQDownload 732; .
NET4.0C; .NET4.0E)",
```

```
    "Mozilla/4.0 (compatible; MSIE 7.0; Windows NT 6.1; WOW64; Trident/5.0;
SLCC2; .NET CLR 2.0.50727; .NET CLR 3.5.30729; .NET CLR 3.0.30729; Media Center
PC 6.0; .NET4.0C; .NET4.0E)",
    "Mozilla/5.0 (Windows NT 5.1) AppleWebKit/537.1 (KHTML, like Gecko)
Chrome/21.0.1180.89 Safari/537.1",
    "Mozilla/5.0 (Windows NT 6.1; WOW64) AppleWebKit/537.1 (KHTML, like Gecko)
Chrome/21.0.1180.89 Safari/537.1",
    "Mozilla/5.0 (iPad; U; CPU OS 4_2_1 like Mac OS X; zh-cn) AppleWebKit/533.
17.9 (KHTML, like Gecko) Version/5.0.2 Mobile/8C148 Safari/6533.18.5",
    "Mozilla/5.0 (Windows NT 6.1; Win64; x64; rv:2.0b13pre) Gecko/20110307
Firefox/4.0b13pre",
    "Mozilla/5.0 (X11; Ubuntu; Linux x86_64; rv:16.0) Gecko/20100101 Firefox/
16.0",
    "Mozilla/5.0 (Windows NT 6.1; WOW64) AppleWebKit/537.11 (KHTML, like
Gecko) Chrome/23.0.1271.64 Safari/537.11",
    "Mozilla/5.0 (X11; U; Linux x86_64; zh-CN; rv:1.9.2.10) Gecko/20100922
Ubuntu/10.10 (maverick) Firefox/3.6.10"
]
```

启用中间件的示例如下。

```
DOWNLOAD_NIDDLEWARES = { 'scrapy.Downloadmiddlewares.useragent.
UserAgentMiddleware':None,'
qidianCrawl.middlewares.RandomUserAgent.RandomUserAgent':410}
```

2. 自动限速

自动限速的配置示例如下。

```
DOWNLOAD_DELAY=2
AUTOTHROTTLE_ENABLED=True
AUTOTHROTTLE_START_DELAY=5
AUTOTHROTTLE_MAX_DELAY=60
```

3. 禁用 Cookie

禁用 Cookie 的示例如下。

```
COOKIES_ENABLED=False
```

采取以上措施之后，如果还是会被发现，则可以编写一个 HTTP 代理中间件更换 IP。

4. 配置 Scrcopy-redis

最后在 settings 中配置 Scrapy-redis，示例如下。

```
#使用 Scrapy-redis 的调度器
SCHEDULER = "yunqiCrawl.scrapy_redis.scheduler.Scheduler"
SCHEDULER_QUEUE_CLASS = 'yunqiCrawl.scrapy_redis.queue.SpiderPriorityQueue'
SCHEDULER_PERSIST = True
#在 Redis 中保持 Scrapy-redis 用到的各个队列，从而允许暂停和暂停后的恢复
```

经过以上步骤，一个分布式网络数据采集程序就搭建起来了，如果用户想在远程服务器上使用，则直接修改 IP 和端口即可。

6.5.6 去重优化

下面讲解去重优化的问题，看一看 Scrapy-redis 是如何实现 RFPDupeFilter 的，这是判断重复内容的方法，其关键代码如下。

```python
import time
from scrapy.dupefilters import BaseDupeFilter
from scrapy.utils.request import request_fingerprint
from BloomfilterOnRedis import BloomFilter
from . import connection
class RFPDupeFilter(BaseDupeFilter):
    """Redis-based request duplication filter"""
    def __init__(self, server, key):
        """初始化复制过滤器
        Parameters
        ----------
        server : Redis instance
        key : str
            #存储指纹位置
        """
        self.server = server
        self.key = key
        self.bf = BloomFilter(server, key, blockNum=1)
    @classmethod
    def from_settings(cls, settings):
        server = connection.from_settings_filter(settings)
        key = "dupefilter:%s" % int(time.time())
        return cls(server, key)
    @classmethod
    def from_crawler(cls, crawler):
        return cls.from_settings(crawler.settings)
```

```
    def request_seen(self, request):
        fp = request_fingerprint(request)
        if self.bf.isContains(fp):
            return True
        else:
            self.bf.insert(fp)
            return False
      def close(self, reason):
"""
#删除关闭的数据,由 Scrapy 调度程序调用
        self.clear()
  def clear(self):
        """清除指纹数据"""
        self.server.delete(self.key)
```

Scrapy-redis 将生成的 fingerprint 放到 Redis 的 set 数据结构中去重。下面看一看 fingerprint 是如何产生的。

```
def request_fingerprint(request,include_headers=none):
    if include_headers:
        include_headers = tuple([h.lower() for h in sorted(include_headers)
      cache = _finderprint_cache.setdefault(request.{})
    if include_headers not in cache:
      fp = hashlib.sha1()
      fp.update(request.method)
      fp.update(canonicalize_url(request.url))
      fp.uodate(request.body or '')
      if include_headers:
          for hdr in include_headers:
            if hdr in request.headers:
                fp.update(hdr)
                for vin request.headers.getlist(hdr):
                    fp.update(v)
      cache[include_headers] = fp.hexdigest()
    return cache[include_headers]
```

上述代码调用的依然是 Scrapy 自带的去重方式,只不过是将 fingerprint 换了一个存储位置。这是一种比较低效的去重方式,更好的方式是将 Redis 和 BloomFilter 结合起来。

本章的实战项目将分布式网络数据采集和 MongoDB 集群集合了起来,同时对去重进行了优化,从整体上来说具有实际的工程意义。

本章小结

本章讲解了一个简单的分布式网络数据采集结构,主要目的是对 Python 网络数据采集基础部分的知识进行总结和强化,开拓读者的思维,同时也让读者知道分布式网络数据采集并不是高不可攀的。不过当亲手打造一个分布式网络数据采集时,就会知道分布式网络数据采集的难点在于节点的调度。什么样的结构能让各个节点稳定高效的运作才是分布式网络数据采集要考虑的核心内容。到本章为止,Python 网络数据采集基础部分已经结束。这个时候,读者基本上可以编写简单的网络数据采集程序并采集一些静态网站的内容了,但是 Python 网络数据采集开发不仅如此,读者接着往下学习吧。

到本章结束,关于 Scrapy 的框架内容也基本上告一段落了,希望读者抽出时间阅读 Scrapy 源码,学习其中的框架设计思想。

习 题

1. 选择题

(1) 下面哪个说法是不正确的?
    A. Robots 协议可以作为法律判决的参考性"行业共识"
    B. Robots 协议告知网络爬虫哪些页面可以爬取,哪些不可以
    C. Robots 协议是互联网上的国际准则,必须严格遵守
    D. Robots 协议是一种约定

(2) 如果一个网站的根目录下没有 robots.txt 文件,那么下面哪个说法是不正确的?
    A. 网络爬虫应该以不对服务器造成性能骚扰的方式爬取内容
    B. 网络爬虫可以不受限制地爬取网站内容并进行商业使用
    C. 网络爬虫可以肆意爬取网站内容
    D. 网络爬虫的不当爬取行为仍然具有法律风险

2. 问答题

(1) 什么是分布式网络数据采集?其结构是怎样的?
(2) 分布式网络数据采集是如何工作的?请详细说明其工作机制。
(3) 网络数据采集中的反爬机制有哪些技术?

第7章

登录表单与验证码的数据采集

学习目标：
- 了解网络数据采集模拟登录的方法；
- 掌握模拟登录网络数据采集的类型。

当真正迈入网络数据采集基础之门的时候，遇到的第一个问题很可能是"如何获取登录窗口背后的信息"。今天，网络正在朝着页面交互、社交媒体、用户产生内容的方向不断演进。表单和登录窗口是许多网站不可或缺的组成部分。不过，它们还是比较容易处理的。

到目前为止，示例中的网络数据采集在和大多数网站的服务器进行数据交互时，都是用 HTTP 的 GET 方法请求信息的。本章将重点介绍 POST 方法，即把信息推送给网络服务器进行存储和分析。页面表单基本上可以看成一种用户提交 POST 请求的方式，且这种请求方式是服务器能够理解和使用的。就像网站的 URL 链接可以帮助用户发送 GET 请求一样，HTML 表单可以帮助用户发送 POST 请求。当然，也可以自行创建这些请求，然后通过网络数据采集把它们提交给服务器。

7.1 网页登录表单

大多数网站都会在网站上注明禁止数据采集登录表单。随着 Web 2.0 的发展，大量的数据都由用户产生，这里就需要用到页面交互，如在论坛提交一个帖子或发送一条微博，因此，处理表单和登录已成为网络数据采集不可或缺的一项工作。获取网页和提交表单相比，获取网页是从网页中爬取数据，而提交表单是向网页上传数据。

在客户端（浏览器）向服务器提交 HTTP 请求时，最常用的两种方法是 GET 和 POST。使用 GET 方法时，查询字符串（名称/值对）是在 GET 请求的 URL 中发送的，这个 URL 如下：

http://www.tup.tsinghua.edu.cn/log-in?Key1=value&key2value2

因为浏览器对 URL 有长度限制，所以 GET 请求提交的数据会有限制。这里的数据都清清楚楚地出现在 URL 中，所以不应在处理敏感数据（如密码）时使用 GET 请求。

按照规定，GET 请求的实施是为了获取数据，因此前面介绍的都是使用 Requests 库的GET方法采集数据的。相对于GET请求,POST请求则用于提交数据,因为查询字符串(名称/值对)在POST请求的HTTP消息主体中,所以敏感数据不会出现在URL中,参数也不会被保存在浏览器或Web服务器的日志中,相关示例如下。

```
POST/test/demoform.asp HTTP/1.1
Host:w3schools.com
Name1=value1&name2=value2
```

因此,表单数据的提交基本上都要用到POST请求。

7.1.1 登录表单处理

1. 网页表单

大多数网页表单是由一些HTML字段、一个提交按钮、一个在表单处理完之后跳转的"执行结果"(表单属性action的值)页面构成的。虽然这些HTML字段通常由文字内容构成,但是也可以实现文件上传或其他非文字内容。因为大多数主流网站都会在它们的robots.txt文件中注明禁止网络数据采集接入的表单,所以为了安全起见,在网站中放入了一组不同类型的表单和登录内容,这样就可以使用网络数据采集了。最简单的表单位于http://www.tup.tsinghua.edu.cn/register/phone,这个表单的源码如下。

```
<form method="post"action="processing.php">
First name:<input type="text"name="firstname"><br>
Last name:<input type="text"name="lastname"><br>
<input type="submit"value="Submit">
</form>
```

这里有几点需要注意。首先,两个输入字段的名称是firstname和lastname,这一点非常重要。字段的名称决定了表单被确认后要被传送到服务器上的变量名称。如果想模拟表单提交数据的行为,就需要保证变量名称与字段名称是一一对应的。还需要注意表单的真实行为其实发生在processing.php中。表单的任何POST请求其实都发生在这个页面上,并非表单本身所在的页面。切记:HTML表单的目的只是帮助网站的访问者发送格式合理的请求,向服务器请求没有出现的页面。除非要对请求的设计样式进行研究,否则不需要花费太多时间在表单所在的页面上。

2. Requests库读取表单

用Requests库提交表单只用4行代码就可以实现,包括导入库文件和打印内容的语句,示例如下。

```
import requests
params={'firstname':'Ryan','lastname':'Mitchell'}
r=requests.post("http://www.tup.tsinghua.edu.cn/register/phone",data=params)
print(r.text)
```

表单被提交之后，程序会返回执行页面的源码，包括这行内容："Hello there, Ryan Mitchell!"。这个程序还可以处理许多网站的简单表单。例如，新闻订阅页面的表单源码如下所示。

```
<form action="http://www.tup.tsinghua.edu.cn/register/phone"id="example_
form2"method="POST">
<input name="client_token"type="hidden"value="test"/>
<input name="subscribe"type="hidden"value="optin"/>
<input name="success_url"type="hidden"value="http://www.tup.tsinghua.edu.
cn/register/phone"/>
<input name="error_url"type="hidden"value="http://www.tup.tsinghua.edu.cn/
register/phone"/>
<input name="topic_or_dod"type="hidden"value="1"/>
<input name="source"type="hidden"value="orm-home-t1-dotd"/>
<fieldset>
<input class="email_address long"maxlength="200"name=
"email_addr"size="25"type="text"value=
"Enter your email here"/>
<button alt="Join"class="skinny"name="submit"onclick=
"return addClickTracking('orm','ebook','rightrail','dod'
);"value="submit">Join</button>
</fieldset>
</form>
```

虽然第一次看这些源码时会觉得乱，但是在大多数情况下只需要关注以下两件事：
- 想提交数据的字段名称（在这个例子中是 email_addr）；
- 表单的 action 属性，即提交表单后网站显示的页面（在这个例子中是 http://www.tup.tsinghua.edu.cn/register/phone）。

把对应的信息增加到请求信息中，运行代码即可，示例如下。

```
import requests
params={'email_addr':'ryan.e.mitchell@gmail.com'}
r= requests.post("http://www.tup.tsinghua.edu.cn/register/phone",data=
params)
print(r.text)
```

在这个示例中，真正加入邮件列表之前，还要在网站上填写另一个表单，同样地，代码也可以应用到需要填写的新表单上。显然，并非所有网页表单都只是一堆文本字段和一个提交按钮。HTML 标准中提供了大量可用的表单字段：单选按钮、复选框和下拉选框等。在 HTML5 中还有其他控件，如滚动条（范围输入字段）、邮箱、日期等。自定义的 JavaScript 字段可谓无所不能，可以实现取色器（colorpicker）、日历及开发者能想到的任何功能。

无论表单字段看起来多么复杂,仍然只有两个内容是需要关注的:字段名称和值。字段名称可以通过查看源码寻找 name 属性而轻易获得;而字段的值有时会比较复杂,它有可能是在表单提交之前通过 JavaScript 生成的。取色器就是一个比较奇怪的表单字段,它可能是类似于♯F03030 的值。如果不确定一个输入字段值的数据格式,有一些工具可以跟踪浏览器正在通过网站发出或接收的 GET 和 POST 请求的内容。之前提到过,跟踪 GET 请求效果最好、最直接的手段就是查看网站的 URL 链接。如果 URL 链接是 https://www.tup.tsinghua.edu.cn?thing1=foo&thing2=bar,则相应的请求就如以下代码所示。

```
<form method="GET"action="someProcessor.php">
<input type="someCrazyInputType"name="thing1"value="foo"/>
<input type="anotherCrazyInputType"name="thing2"value="bar"/>
<input type="submit"value="Submit"/>
</form>
```

对应的 Python 参数如下。

```
{'thing1':'foo','thing2':'bar'}
```

3. 处理登录表单

下面以知乎网站的登录作为例子,讲解处理登录表单的方法。知乎的登录页面如图 7-1 所示。

图 7-1　知乎网站的登录页面

处理登录的表单可以分为以下两个步骤:

① 研究网站登录表单,构建 POST 请求的参数字典;
② 提交 POST 请求。

以下是构建 POST 请求的参数字典的几个步骤。

步骤 1:打开网页并使用"检查"功能。使用浏览器打开网站,右击页面的任意位置,在弹出的快捷菜单中选择"检查"选项。接着在网页中单击登录框这一区域,可以看到代码中定位到了登录框的位置,如图 7-2 所示。

图 7-2　定位到登录框的位置

步骤 2:查看各个输入框的代码。在用户名的输入框中,name 的属性值是表单的 key 值,它的 value 则是要输入的用户名。输入账号和密码进行登录,截取的请求如图 7-3 所示。

POST 的内容如下。

```
_xsrf=8291607a-bbe5-45cc-ba20-a70cec336d53
password=xxxxxx
phone_num=xxxxxx
remember_me=true
```

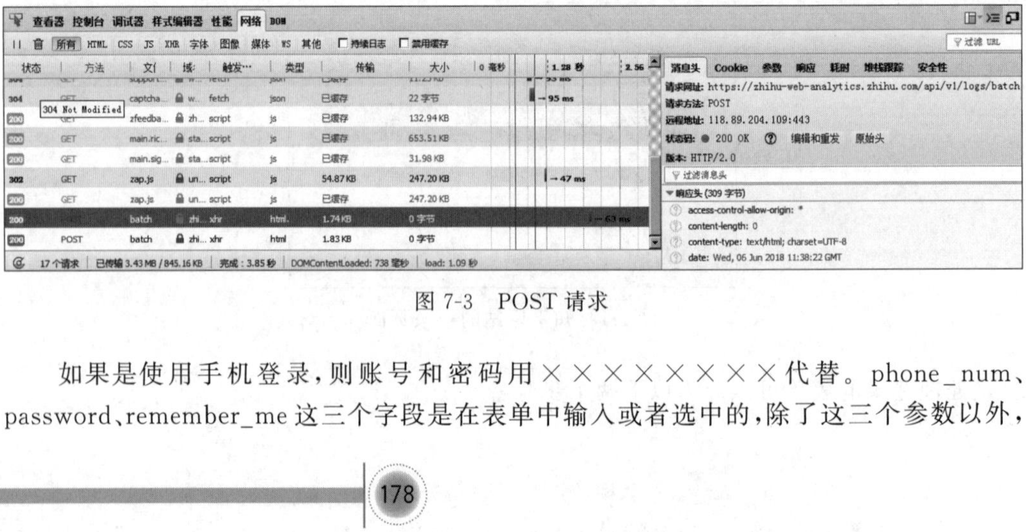

图 7-3　POST 请求

如果是使用手机登录,则账号和密码用××××××××××代替。phone_num、password、remember_me 这三个字段是在表单中输入或者选中的,除了这三个参数以外,还多了一个_xsrf 参数，开发过 Web 前端的读者肯定认识这个字段，这是用来防止跨站请求伪造的。那么这个参数在哪儿呢？需要使用_xsrf 这个参数模拟登录。

这就需要用到 Firebug 强大的搜索功能：将_xsrf 的数值输入搜索框中并按 Enter键，很快就能在当前页面的响应中找到_xsrf 的值，其位置是在表单提交的隐藏＜input＞标记中，如图 7-4 所示。

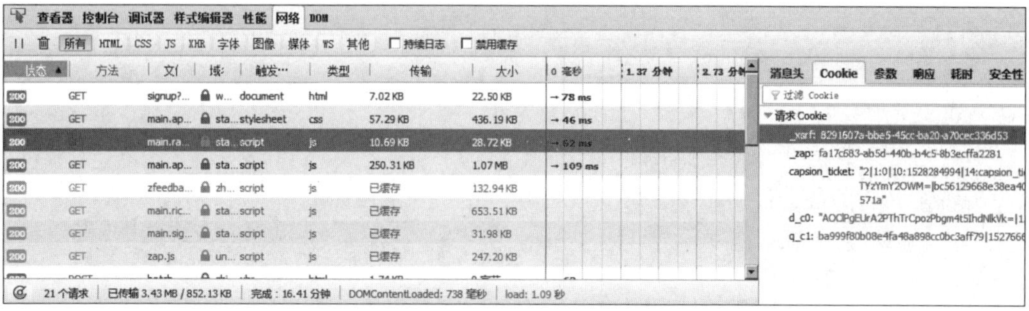

图 7-4 _xsrf 的位置和值

知道了_xsrf 的位置后，既可以使用 Beautiful Soup 提取其中的值，也可以直接使用正则表达式提取。下面使用正则表达式进行提取，然后使用 Request 提交 POST 请求，代码如下。

```python
#-*-coding:utf-8-*-
#构造 Request headers
import re
import cPickle
import requests
def get_xsrf(session):
    '''_xsrf 是一个动态变化的参数,从网页中提取'''
    index_url = 'http://www.zhihu.com'
    #获取登录时需要用到_xsrf
    index_page = session.get(index_url, headers=headers)
    html = index_page.text
    pattern = r'name="_xsrf" value="(.*?)"'
    #这里的_xsrf 返回的是一个 list
    _xsrf = re.findall(pattern, html)
    return _xsrf[0]
def save_session(session):
#将 session 写入文件 session.txt
    with open('session.txt', 'wb') as f:
        cPickle.dump(session.headers, f)
        cPickle.dump(session.cookies.get_dict(), f)
        print ('[+] 将 session 写入文件: session.txt')
def load_session():
```

```
    #加载session
    with open('session.txt', 'rb') as f:
        headers = cPickle.load(f)
        cookies = cPickle.load(f)
        return headers,cookies
agent = 'Mozilla/5.0 (Windows NT 5.1; rv:33.0) Gecko/20100101 Firefox/33.0'
headers = {
    'User-Agent': agent
}
session = requests.session()
_xsrf = get_xsrf(session)
post_url = 'http://www.zhihu.com/login/phone_num'
postdata = {
        '_xsrf': _xsrf,
        'password': 'xxxxxxx',
        'remember_me': 'true',
        'phone_num': 'xxxxxxx',
    }
login_page = session.post(post_url, data=postdata, headers=headers)
login_code = login_page.text
print(login_page.status_code)
print(login_code)
save_session(session)
```

登录成功后的输出结果如下。

```
200
{"r":0,
  "msg":"\u767b\u5f55\u6210\u529f"
}
```

7.1.2 加密数据分析

上面看到的知乎账号和密码都是使用明文发送的,但是为了安全,很多网站都会将密码进行加密,然后添加一系列的参数到POST请求中,而且还要通过验证码进行验证,分析难度和知乎登录完全不是一个量级。下面就挑战一下,分析百度云盘的登录方式,强化读者的分析能力。整个分析过程分为以下三个步骤。

步骤1:首先打开FireBug,访问百度云盘主页,监听网络数据,如图7-5所示。

操作流程如下:

① 输入账号和密码;

② 单击"登录"按钮进行登录(第一次POST登录);

③ 这时会出现验证码,输入验证码;

第 7 章　登录表单与验证码的数据采集

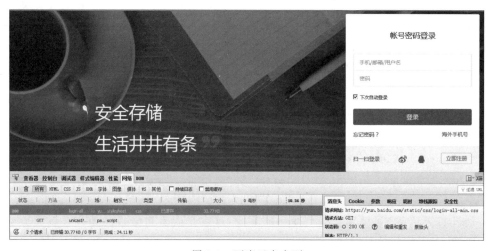

图 7-5　百度云盘主页

④ 单击"登录"按钮成功登录(第二次 POST 登录成功)。

在一次成功的登录过程中需要单击两次"登录"按钮,也就出现了两次 POST 请求,如图 7-6 所示。

图 7-6　两次 POST 请求

将上面两次 POST 请求记录下来,记录完成之后清空 Cookie,再进行一次成功的登录。进行两次登录是为了比较 POST 请求字段中哪些内容是会变化的,哪些内容是不会变化的。在两次成功登录的过程中共发生 4 次 POST 请求,将这 4 次 POST 请求命名为 post1_1、post1_2、post2_1、post2_2,以便区分。

现在先关注 post2_2 和 post1_2,这是两次登录成功的 POST 请求。通过比较 post2_2 和 post1_2 可以发现一些字段发生了变化,一些字段是不变的,如表 7-1 所示。

表 7-1　POST 参数值的状态

POST 参数	变化情况
charset=utf-8	不变
crypttype=12	不变
idc=	不变
isphone=	不变
callback=parent.bd_pcbs_ycrows	变化

续表

POST 参数	变化情况
gid=jcasdjasashdkjashdoih	变化
password	变化
rsakey=daskdjhaskjdhashasdsa	变化
token=693asd87das908das90ad	变化
tt=121298190823123120389	变化
verifycode	变化

通过表 7-1 可以了解到哪些是变化的字段,这也是要着重分析的地方。接着分析变化的参数,查看哪些是可以轻易获取的。

- callback：不清楚是什么,不知道怎么获取。
- gid：一个生成的 ID 号,不知道怎么获取。
- password：加密后的密码,不知道怎么获取。
- rsakey：RSA 加密的密钥(可以推断出密码肯定经过了 RSA 加密),不知道怎么获取。
- token：访问令牌,不知道怎么获取。
- tt：时间戳,可以使用 Python 的 time 模块生成。
- verifycode：验证码,可以轻易获取验证码图片并获取验证码的值。

通过上面的分析确定了 tt、verifycode 参数的提取方式,现在只剩下 callback、codestring、gid、password、ppui_logintime、rsakey、token 参数的分析。

步骤 2：既然已经知道了需要确定的参数,接下来要做的就是确定 callback、codestring、gid、password、ppui_logintime、rsakey、token 这些参数是在哪一次登录过程的哪一个 POST 请求中产生的。将 post2_1 和 post2_2 的请求参数进行比较,图 7-7 所示是 post2_2 请求的内容,可以和之前的内容进行比较,以发现变化的参数。

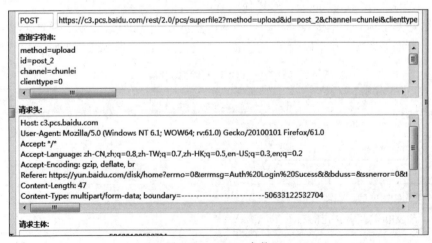

图 7-7 post2_2 参数

参数变化如表7-2所示。

表7-2　post2_2和post2_1参数值的变化

POST 参数	post2_1	post2_2
callback	产生	变化
codestring	未产生	产生
gid	产生	未变化
password	产生	变化
ppui_logintime	产生	变化
rsakey	产生	未变化
token	产生	未变化

通过表7-2可以看到codestring从无到有，基本上可以确定codestring是在post2_1之后产生的，所以codestring这个字段应该能在post2_1的响应中找到。

步骤3：分析参数callback、password和ppui_logintime。接着分析post2_1已经产生、post2_1内容没有发生变化的参数：gid、rsakey、token。这些参数可以确定是在post2_1请求发送之前就已经产生的，根据网络响应的顺序，从下到上，看看能不能发现一些敏感命名的链接。在post2_1的不远处发现了一个敏感链接https://c3.pcs.**.com/rest/2.0/pcs/superfile2？method＝upload& app_id＝250528&channel＝chunlei&clienttype＝0&web＝1&BDUSS＝pansec_DCb740ccc5511e5e8fedcff06b081203-/QBRTdGTe-Of82eYYCkh0NM94jDNMh7e9t7cytdVyw5F＋29Z5PWbmovvOYvNEmVru3JmF1Q30-hyggFzcsbaVrihx＋9qJiejRIP3UUQecj2CSDa2Za8ijkLDOkF3oQa3qx63EjsQLa9L1HO-r2GClD8BnQZ4Yq5u8JZk0xPfKsJthxUimaZoLCCVkdsjNXWT＋Skb9UoM1AoGDzQ-Bb5kNfIUv11sRQPN5RMqYI7UyQsU＋2KjTJKpvd9NfzoioK3vk/1lw＋a4RsqLxq7N6-J5aylGShw＝＝&logid＝MTUyODI4ODgzMjgzODAuMzUzMzM2NzQzODAwOTk-2OA＝＝。

通过查看响应找到rsakey，虽然在响应中变成了key，可值是一样的。通过之前的信息可以知道密码是通过RSA（一种非对称加密算法）加密的，所以响应中的publickey可能是公钥，这一点要重点注意；还可以发现callback参数，参数中出现了callback字段，之后响应中也出现了callback字段的值将响应包裹，由此可以推断callback字段可能只起到标识作用，不参与实际的参数校验。通过对这个敏感链接的请求可以得出以下结论：gid和token可以得到rsakey参数。接着分析gid参数和token参数。直接在FireBug的搜索框中输入token进行搜索。搜索2～3次，可以发现token的出处如图7-8所示。

通过上述链接中的get参数可以得到以下结论：通过gid可以得出token。最后分析gid参数。依旧通过搜索，格式化脚本之后，读者可以看一看这个gid是如何产生的。通过gid：guideRandom可以知道gid是由guideRandom函数产生的。

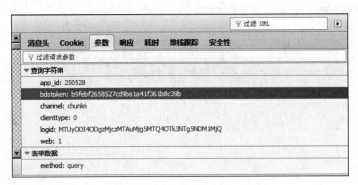

图 7-8　token 的出处

7.1.3　Cookie 的使用

HTTP 是无状态的面向连接的协议,它为了保持连接状态而引入了 Cookie 机制。Cookie 是 HTTP 消息头中的一种属性,包括如下参数:

- Cookie 名字(Name)、Cookie 的值(Value);
- Cookie 的过期时间(Expires/Max-Age);
- Cookie 作用路径(Path);
- Cookie 所在域名(Domain),使用 Cookie 进行安全连接(Secure)。

前两个参数是应用 Cookie 的必要条件,另外包括 Cookie 的大小(不同浏览器对 Cookie 个数及大小的限制是有差异的)。

Cookie 指某些网站为了辨别用户身份、进行 session 跟踪而存储在用户本地终端上的数据(这些数据通常是加密的)。比如,有些网站需要在登录后才能访问某个页面,在登录之前,要么爬取的页面内容与登录后的不同,要么不允许爬取。使用 Cookie 和使用代理 IP 一样,也需要创建一个自己的 opener。HTTP 包提供了如下 cookiejar 模块,用于提供对 Cookie 的支持。

```
http is a package that collects several modules for working with the HyperText Transfer Protocol:
  • http.client is a low-level HTTP protocol client; for high-level URL opening use urllib.request
  • http.server contains basic HTTP server classes based on socketserver
  • http.cookies has utilities for implementing state management with cookies
  • http.cookiejar provides persistence of cookies
```
http://blog.csdn.net/c406495762

图 7-9　cookiejar 模块示意

http.cookiejar 功能强大,可以利用该模块的 CookieJar 类的对象捕获 Cookie,并在后续连接请求时重新发送,比如可以实现模拟登录功能。该模块的主要对象包括 CookieJar、FileCookieJar、MozillaCookieJar、LWPCookieJar。

它们的关系为 CookieJar-派生 → FileCookieJar-派生 → MozillaCookieJar 和 LWPCookieJar。

工作原理:创建一个带有 Cookie 的 opener,在访问登录的 URL 时,将登录后的

Cookie 保存下来，然后利用这个 Cookie 访问其他网址，查看登录之后才能看到的信息。

虽然利用 Python 的标准库也可以控制网页表单，但是有时用一点"语法糖"可以让生活更甜蜜。当想做比 urllib 库能够实现的基本 GET 请求更多的事情时，可以看看 Python 标准库之外的第三方库。Requests 库就是擅长处理复杂的 HTTP 请求、Cookie、Header（响应头和请求头）等内容的 Python 第三方库。

下面是 Requests 的创建者 Kenneth Reitz 对 Python 标准库工具的评价。

Python 的标准库 urllib2 提供了大多数的 HTTP 功能，但是它的 API 非常差劲，这是因为它是经过多年一步步地建立起来的——不同时期面对的是不同的网络环境。于是为了完成最简单的任务，它需要耗费大量的工作（甚至要重写整个方法）。事情不应该这样复杂，更不应该发生在 Python 里。和任何 Python 第三方库一样，Requests 库也可以用其他第三方 Python 库管理器安装，如 pip，或者直接下载源码进行安装。

到此为止，介绍过的大多数表单都允许向网站提交信息，或者允许在提交表单后立即看到想要的页面信息。那么，这些表单和登录表单（当浏览网站时允许保持"已登录"状态）有什么不同呢？大多数新式的网站都用 Cookie 跟踪用户是否已登录的状态信息。一旦网站验证了登录权证，就会将它们保存在浏览器的 Cookie 中，其中通常包含一个服务器生成的令牌、登录有效时限和状态跟踪信息。网站会把这个 Cookie 当作信息验证的证据，在浏览网站的每个页面时出示给服务器。在 20 世纪 90 年代中期，也就是广泛使用 Cookie 之前，保证用户安全验证并跟踪用户是网站的一大难题。

虽然 Cookie 为网络开发者解决了大问题，但同时也为网络数据采集带来了大问题。虽然可以一整天只提交一次登录表单，但是如果没有一直关注表单后来回传的那个 Cookie，那么当在一段时间以后再次访问新页面时，登录状态就会丢失，需要重新登录。

7.2　验证码的处理

下面介绍验证码（captcha）的人工处理方式和 OCR 处理方式。

7.2.1　什么是验证码

验证码这个词最早在 2002 年由卡内基·梅隆大学的路易斯·冯·安、曼布及 IBM 的约翰·朗福特（John Langford）提出。卡内基·梅隆大学曾试图申请将此词作为注册商标，但该申请于 2008 年 4 月 21 日被拒绝。关于验证码，一种常用的 CAPTCHA 测试是让用户输入一个扭曲变形的图片所显示的文字，扭曲变形是为了避免被光学字符识别（Optical Character Recognition，OCR）之类的计算机程序自动辨识出图片上的文字而失去效果。由于这个测试是由计算机考人类，而不是像标准图灵测试那样由人类考计算机的，因此人们有时称 CAPTCHA 是一种反向图灵测试。

大多数网站的验证码都需要先单击一下填写框，然后会自动弹出验证码图片。由于验证码是随机产生的，出现无法清楚识别的验证码图片的概率很大，所以需要注意的是，一般网站都会有相应的提示，如"看不清，换一张"等。如果没有提示，则直接单击当前的验证码图片即可完成验证码的更换。

7.2.2 人工处理验证码

许多网站都会要求先登录才能获取内容,所以必须要学会如何实现模拟登录。这里介绍使用 Scrapy 实现模拟登录的两种方法,以下验证码都是需要手动输入的。

1. 使用 Scrapy 直接登录

首先通过 Chrome 浏览器打开知乎的登录页面,随意输入错误的账号和密码,如图 7-10 所示。

图 7-10　知乎登录页面

第一步要先想想如何获取验证码:右击并在弹出的快捷菜单中选择"检查元素"→Network 选项,刷新验证码,会看到出现 captcha.gif 这个文件,如图 7-11 所示。

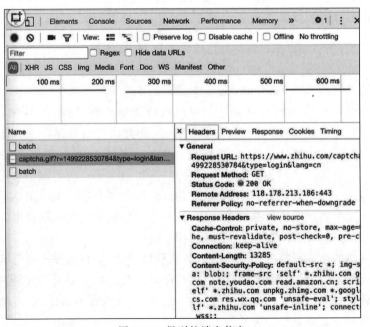

图 7-11　得到的消息信息

双击这行列表就会弹出验证码，可以请求这个地址获得图片，图片是二进制格式的，还需要使用 Pillow 库显示图片。最后，为了方便输入，将验证码地址最后的英文由 cn 改为 en，这样便会出现英文验证码，如图 7-12 所示。

2. 检查配置文件

图 7-12　随机验证码

检查 network 就会看到 email 这一行，这是浏览器向服务器发送的请求，选择右边的 Headers→Form data 选项便可以看到发送的数据。接下来使用 Scrapy 的 FormRequest 将数据发送给服务器，其中，_xsrf 的值可以从网页源码中获得，直接执行 Copy→Copy XPath 命令获取即可，如图 7-13 和图 7-14 所示。

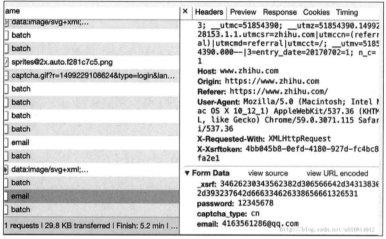

图 7-13　检查浏览器信息

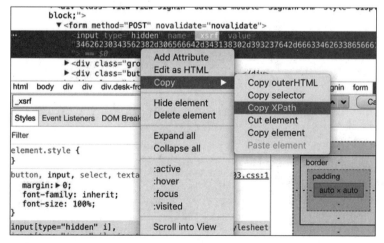

图 7-14　获取 XPath 信息

3. 预览数据

检查登录是否成功。打开 Preview 选项卡会发现服务器端返回的是 JSON 文件，如图 7-15 所示，可以通过解析这个文件检查登录情况。

图 7-15 代码

对应的 setting.py 文件的代码如下。

```
# - * - coding:utf-8- * -
#项目的快速设置
#为了简单起见,该文件只包含重要的设置
BOT_NAME='zhihu_login'
SPIDER_MODULES=['zhihu_login.spiders']
NEWSPIDER_MODULE='zhihu_login.spiders'
USER_AGENT='Mozilla/5.0(Macintosh;Intel Mac OS X 10_12_1)AppleWebKit/537.36
(KHTML,like Gecko)Chrome/59.0. 3071.115 Safari/537.36'
```

mySpider.py 的代码如下。

```
# - * - coding:utf-8- * -
import json
from Scrapy.selector import Selector
import Scrapy
import time
from PIL import Image
class ZhihuloginSpider(Scrapy.Spider):
name='zhihulogin'
allowed_domains=['www.zhihu.com']
start_urls=['https://www.zhihu.com/']
def start_requests(self):
t=str(int(time.time() * 1000))                    #获取当前时间
captcha_url='https://www.zhihu.com/captcha.gif? r='+t+'&type=login&lang=
en'
#验证码地址
return[Scrapy.Request(url=captcha_url,callback=self.parser_captcha)]
                                                  #请求验证码
```

```
def parser_captcha(self,response):
    with open('captcha.jpg','wb') as f:
        f.write(response.body)
        f.close()
    im=Image.open('captcha.jpg')                    #打开验证码图片
    im.show()
    im.close()
    captcha=input("input the captcha with quotation mark\n>")   #输入验证码
    return Scrapy.FormRequest(url=' https://www. zhihu. com/', callback=self.
    login,meta={
    'captcha':captcha
    })
def login(self,response):
    xsrf=response.xpath("//input[@name='_xsrf']/@value").extract_first()
    if xsrf is None:
        return ''
    post_url='https://www.zhihu.com/login/email'    #输入手机号
    post_data={
    "_xsrf":xsrf,
    "email":'416356186@qq.com',                     #输入邮箱
    "password":'hq65893817',                        #输入密码
    "captcha":response.meta['captcha'],
    }
    return [Scrapy.FormRequest(url=post_url,formdata=post_data,callback=self.
    check_login)]
def check_login(self,response):
    json_file=json.loads(response.text)
    if 'msg' in json_file and json_file['msg']=='登录成功':
        print('success……')
```

7.2.3 OCR 处理验证码

项目需要模拟登录,可是网站的登录需要输入验证码。其实这种登录有两种解决方案,一种是利用 Cookie,另一种是识别图片。前者需要人工登录一次,而且有时效限制,故不太现实;后者的难点是如何识别出验证码。前面介绍了人工识别图片的方法,本节将介绍使用图像识别技术识别验证码的方法,这种方法称为光学字符识别,它是指用电子设备(如扫描仪或数码相机)检查纸上打印的字符,通过检测暗、亮的模式确定其形状,然后用字符识别方法将形状翻译成计算机文字的过程,也就是使用字符识别方法将形状翻译为计算机文字的过程。

为了使用 Python 将图像识别为字母和数字,需要用到 Tesseract 库,它是 Google 支持的开源 OCR 项目。Tesseract 是一个开源的 OCR 引擎,可以识别多种格式的图像文件并将其转换成文本,目前已支持 60 多种语言(包括中文)。

1. Tesseract 的安装

Tesseract 的安装分为以下两步。

步骤 1：使用 pip 安装 Tesseract：pip install pytesseract。

步骤 2：安装 Tesseract-ocr。在 Windows 环境下，官方不提供最新版的安装包，只有较旧的 3.02.02 版本可以下载 exe 程序安装。在 Linux 环境下，可以使用 apt-get install tesseract-ocr 方式安装 Tesseract-ocr。

假设刚刚获取的验证码图片如图 7-16 所示，接下来需要识别其中的数字和字母。

图 7-16　验证码

2. 识别数字和字母的步骤

识别图片中的数字和字母的步骤如下。

步骤 1：把彩色图像转换为灰度图像，通过灰度处理可以将彩色图像中的色彩空间由 RGB 转换为 HIS，实现的代码如下。

```
from PIL import Image
im = Image.open('captcha.jpg')
gray = im.convert('L')
gray.show()
```

得到的结果如图 7-17 所示。

步骤 2：二值化处理。上述验证码图片在经过处理之后，文本的部分颜色较深，因此可以把大于某个临界灰度值的像素灰度设为灰度极大值，把小于这个值的像素灰度值设为灰度极小值，从而实现二值化（一般设置为 0～1），实现的代码如下。

```
threshold = 150
table = []
for i in range(256):
    if i<threshold:
        table.append(0)
    else:
        table.append(1)
out = gray.point(table, '1')
out.show()
out.save(\"captcha_thresholded.jpg\")
```

上述两个步骤都是对图片进行降噪处理，即把不需要的信息统统去掉，如背景、干扰线、干扰像素等，只剩下需要识别的文字，得到的结果如图 7-18 所示。

图 7-17　彩色图像转换为灰度图像　　　图 7-18　降噪之后的结果

步骤 3：使用 Tesseract 进行图片识别，实现的代码如下。

```
import pytesseract
th = Image.open('captcha_thresholded.jpg')
print(pytesseract.image_to_string(th))
```

可以看到结果为 3P5E。

7.3　实验 8：Scrapy 模拟采集豆瓣网数据

前面的学习使用了 Scrapy 的方式模拟登录，接下来通过采集豆瓣网的数据深入了解 Scrapy。豆瓣登录需要输入图片验证码，目前程序暂不支持自动识别验证码，需要将图片下载到本地并打开，以进行人工识别，然后将识别后的验证码输入程序。

7.3.1　分析豆瓣登录

分析豆瓣登录页的样式。下面是访问网站获取的样式数据信息，如图 7-19 所示。

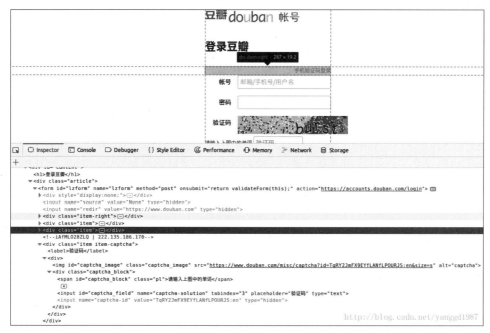

图 7-19　访问网站获取样式

从图 7-19 中可以得到以下信息。

① 表单的 action 地址，具体如下。

```
https://accounts.douban.com/login
```

② 验证码图片的地址，具体如下。

```
https://www.douban.com/misc/captcha?id=TqRY2JmFX9EYfLANfLPOURJ5:en&size=s
```

③ captcha-id 值，具体如下。

```
<input name="captcha-id"value="TqRY2JmFX9EYfLANfLPOURJ5:en"type="hidden">
```

分析豆瓣登录页的 form 表单登录，通过登录页登录一次，查看 POST 数据，如图 7-20 所示。

图 7-20　POST 数据

因此需要通过 Scrapy 提取以下内容：captcha-id，即图片验证码 id；captcha-solution，即图片验证码。可以通过查看图片手动输入验证码，其他（如 form_email）固定信息可以提前填入表单。

7.3.2　编写代码

通过查看 Scrapy 参考手册的程序定义之后，读者会发现采集不到数据，这是因为豆瓣使用了反爬机制。可以在 setting.py 内启动 DOWNLOAD_DELAY＝3 及 User-Agent 代理，代码为 USER_AGENT＝ 'Douban（＋http：//www.douban.com）'，这样就可以开启网络数据采集了。但是在采集豆瓣影评数据时会发现最多只能采集 10 页，然后就会提示需要登录（从浏览器看，也只能看到 10 页的数据）。

① 建立数据采集程序，示例如下。

```
source activate Scrapy          #使用 PIL 打开图片验证码，以便人工识别，然后手动输入
conda install PIL
pip install Pillow
Scrapy genspider douban_login douban.com
```

② 编写数据采集处理代码，示例如下。

```
vim douban/spider/douban_login.py
#-*-coding:utf-8-*-
import Scrapyimport urllibfrom PIL
import Image
class DoubanLoginSpider(Scrapy.Spider):
name='douban_login'
```

```python
allowed_domains=['douban.com']#start_urls=['http://www.douban.com/']
headers={"User-Agent":"Mozilla/5.0(Windows NT 10.0;WOW64)AppleWebKit/537.36
(KHTML,like Gecko)Chrome/49.0.2623.221 Safari/537.36 SE 2.X MetaSr 1.0"}
def start_requests(self):
'''重写start_requests,请求登录页面'''
return[Scrapy.FormRequest("https://accounts.douban.com/login",headers=
self.headers,meta={"cookiejar":1},callback=self.parse_before_login)]
def parse_before_login(self,response):
'''登录表单填充,查看验证码'''
print("登录前表单填充")
captcha_id=response.xpath('//input[@name="captcha-id"]/@value').extract_
first()
captcha_image_url=response.xpath('//img[@id="captcha_image"]/@src').
extract_first()
if captcha_image_url is None:
print("登录时无验证码")
formdata={
"source":"index_nav",
"form_email":"yanggd1987@163.com",
#请填写密码
"form_password":"********",
}
else:
print("登录时有验证码")
save_image_path="/home/yanggd/Python/Scrapy/douban/douban/spiders/captcha.
jpeg"
#将图片验证码下载到本地
urllib.urlretrieve(captcha_image_url,save_image_path)
#打开图片,以便识别图中验证码
try:
im=Image.open('captcha.jpeg')
im.show()
except:
pass
#手动输入验证码
captcha_solution=raw_input('根据打开的图片输入验证码:')
formdata={
"source":"None",
"redir":"https://www.douban.com",
"form_email":"yanggd1987@163.com",
#此处请填写密码
"form_password":"********",
"captcha-solution":captcha_solution,
```

```
    "captcha-id":captcha_id,
    "login":"登录",
}
print("登录中")
#提交表单
return Scrapy.FormRequest.from_response(response,meta={"cookiejar":
response.meta["cookiejar"]},headers=self.headers,formdata=formdata,
callback=self.parse_after_login)
def parse_after_login(self,response):
    '''验证登录是否成功'''
    account=response.xpath('//a[@class="bn-more"]/span/text()').extract_first
()
    if account is None:
        print("登录失败")
    else:
        print("登录成功,当前账户为%s"%account)
```

注意:请将代码中的登录账号和密码改成自己的。

7.3.3 实验调试与运行

运行程序,示例如下。

```
scrapy crawl douban_login
```

运行过程中,程序会保存图片到本地并自动打开图片,以便人工识别验证码并手动输入,如图 7-21 所示。

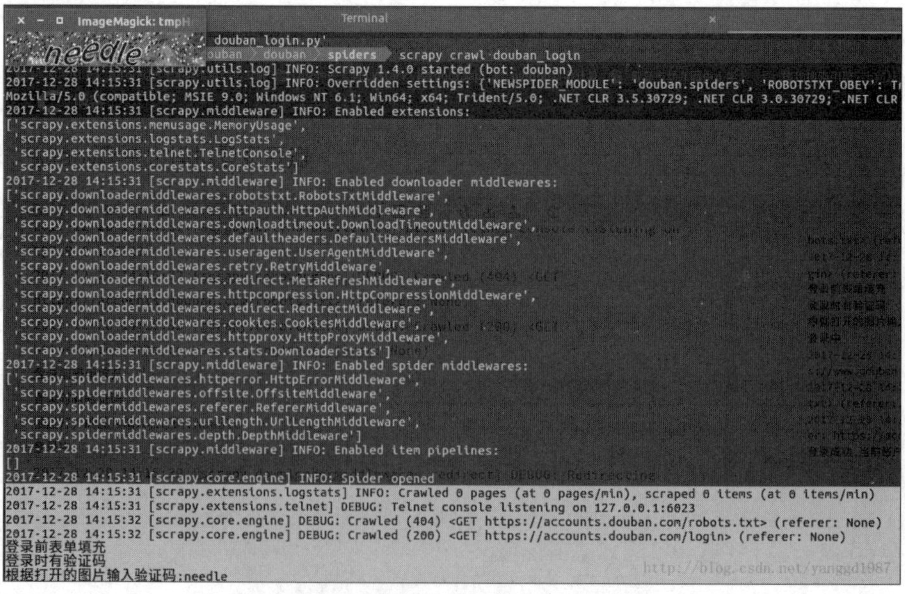

图 7-21 人工识别验证码并手动输入

上述程序运行的调试信息示例如下。

```
#打印部分输出日志，主要是供调试使用
2018-12-28 14:15:31[Scrapy.extensions.logstats]INFO:Crawled 0 pages(at 0
pages/min),scraped 0 items(at 0 items/min)
2018-12-28 14:15:31[Scrapy.extensions.telnet]DEBUG:Telnet console listening
on 127.0.0.1:60232018-12-28 14:15:32[Scrapy.core.engine]DEBUG:Crawled(404)<
GET https://accounts.douban.com/robots.txt>(referer:None)2018-12-28 14:15:
32[Scrapy.core.engine]DEBUG:Crawled(200)<GET https://accounts.douban.com/
login>(referer:None)
```

登录前填充表单，登录时有验证码，根据打开的图片输入验证码 needle。

```
#登录中
2018 - 12 - 28 14: 15: 39 [Scrapy. downloadermiddlewares. redirect] DEBUG:
Redirecting(302) to<GET https://www.douban.com> from<POST https://accounts.
douban.com/login>2018-12-28 14:15:39[Scrapy.core.engine]DEBUG:Crawled(200)
<GET https://www.douban.com/robots.txt>(referer:None)2018-12-28
14:15:40[Scrapy.core.engine]DEBUG:Crawled(200)<GET
https://www.douban.com>(referer:https://accounts.douban.com/login)
```

登录成功，当前账户为三页的账号，最后打印的信息为"登录成功，当前账户为三页的账号"，显示出豆瓣账号名称，说明 Scrapy 模拟登录豆瓣成功。

7.3.4 问题处理

在实现模拟登录的过程中，可能会出现的问题如下。

1. 设置 Scrapy 的 User_agent

在 settings 中设置，详细设置如下。

```
headers={"User-Agent":"Mozilla/5.0(Windows NT 10.0;WOW64)AppleWebKit/537.36
(KHTML,like Gecko)Chrome/49.0.2623.221 Safari/537.36 SE 2.X MetaSr 1.0"}
```

2. Scrapy 导入 PIL 报错

Scrapy 导入 PIL 报错的示例如下。

```
import PIL
Traceback(most recent call last):
File"<stdin>",line 1,in<module>
File"/home/yanggd/miniconda2/envs/Scrapy/lib/Python2.7/site-packages/PIL/_
init_.py",line 14,in<module>
from.import version
Import Error:cannot import name version
```

```
#解决方案：
pip install Pillow
```

3. Scrapy 提示错误

Scrapy 提示错误的示例如下。

```
DEBUG: Filtered offsite request to 'accounts.douban.com': < POST https://
accounts.douban.com/login>
```

原因：start_requests 中的 URL 的域名不能和文件中自己配置的 allowed_domains 不一致，否则会被过滤掉。之前的设置如下。

```
allowed_domains=['www.douban.com']
```

提交表单请求的 URL 为 https://accounts.douban.com/login，因此会出现问题。可以通过停用过滤功能解决，需要添加 dont_filter=True，示例如下。

```
return
Scrapy.FormRequest.from_response(response,meta={"cookiejar":response.meta
["cookiejar"]},headers=self.headers,formdata=formdata,callback=self.parse_
after_login,dont_filter=True)
```

或者与 allowed_domains 设置保持一致，如 allowed_domains=['douban.com']。

本章小结

（1）常见的反爬机制主要包括：通过分析用户请求的 Headers 信息进行反爬；通过检测用户行为进行反爬；通过动态页面增加网络数据采集的难度，达到反爬的目的。

（2）使用 Fiddler 作为代理服务器，采集数据的网址要以具体文件或者"/"结尾。

（3）Referer 字段的值一般可以设置为要采集数据的网页的域名地址或对应网站的主页网址。

（4）在实际项目中，要想伪装成浏览器，不一定要将 Fiddler 设置为代理服务器，可以将该过程省略。

习 题

1. 填空题

（1）请在上述网络爬虫通用代码框架中填写空白处的方法名称。

```
try:
```

```
        r = requests.get(url)
        r._____()
        r.encoding = r.apparent_encoding
        print(r.text)
except:
        print("Error")
```

(2) 在 HTTP 中，_____能够对 URL 进行局部更新。

(3) 以下代码的输出结果是什么？

```
>>> kv = {'k': 'v', 'x': 'y'}
>>> r = requests.request('GET', 'http://python123.io/ws', params=kv)
>>> print(r.url)
```
_____

2. 问答题

(1) 使用 Python 程序模拟登录，采集网络数据有哪些情况，如何实现？

(2) 在网络数据采集的过程中，验证码是如何处理的？

并行多线程网络数据采集

学习目标：
- 了解并行多线程网络数据采集的工作原理；
- 掌握并行多线程网络数据采集的实现方法；
- 熟悉多线程网络数据采集是如何工作的；
- 理解基于 Scrapy 网络数据采集实现的多线程。

在之前的章节中，网络数据采集都是串行下载网页的，只有前一次下载完成之后才会启动新的下载。在采集规模较小的网站时，串行下载尚可应对，一旦面对大型网站，就会显得捉襟见肘了。在采集拥有 100 万个网页的大型网站时，假设以每秒一个网页的速度昼夜不停地下载，耗时也要超过 11 天。如果可以同时下载多个网页，那么下载时间将会得到大幅缩减。本章将介绍使用多线程和多进程下载网页的方式，并将它们与串行下载的性能进行比较。

8.1 多线程网络数据采集

有些网站对访问速度有限制，这时可以开启多个线程，每个线程使用一个代理提取页面的一部分内容，下面介绍多线程实现网络数据采集的方式。

8.1.1 1000 个网站网页

要想测试并发下载的性能，最好有一个大型的目标网站。为此，本章将使用 Alexa 提供的最受欢迎的 1000 个网站列表，该列表的排名根据安装了 Alexa 工具栏的用户得出。尽管只有少数用户使用了这个浏览器插件，其数据并不权威，但对于这个测试来说已经足够了。可以通过浏览 Alexa 网站获取该数据，也可以直接下载这一列表的压缩文件。

接下来，从文件名列表中提取 CSV 文件的名称。由于这个 ZIP 文件中只包含一个文件，因此直接选择第一个文件名即可。然后遍历该 CSV 文件，将第二列中的域名数据添加到 URL 列表中。为了使 URL 合法，还会在每个域名前添加"http://协议"格式的内容。要想使用之前开发的网络数据采集接口的功能，还需要修改 scrapecallback，示例如下。

```
classAlexaCallback:
def    init   (self,   maxurls=1000):
self.maxurls=maxurls
self.seedurl=   http://www.tup.tsinghua.edu.cn/
top-1m.csv.zip
def   call   (self,  url,   html):
ifurl==self.seedurl
urls=    []
withZipFile(StringIO(html))
csvfilename=zf.namelist()[0]
for    websitein
csv.reader(zf.open(csvfilename)):
urls.append('http://'   +website)
iflen(urls)    ==self.maxurls
break
return urls
```

这里添加了一个新的输入参数 maxurls，用于设定从 Alexa 文件中提取的 URL 的数量。在默认情况下，该值被设置为 1000，这是因为下载 100 万个网页的耗时过长（正如本章一开始提到的，串行下载需要花费超过 11 天的时间）。

8.1.2 串行采集

下面是串行下载时，之前开发的链接网络数据采集使用 AlexaCallback 回调的代码。

```
scrapecallback=AlexaCallback()
link_crawler(seed_url=scrape_callback.seed_url,
cachecallback=MongoCache(),
scrape_callback=scrape_callback)
```

完整附件的获取可以通过在命令行执行如下命令完成。

```
time Python sequential_test.py
26m 41.1 41s
```

根据该执行结果估算，串行下载时，平均每个 URL 需要花费 1.6 秒。

8.1.3 多线程网络数据采集的工作原理

多线程网络数据采集是以并发的方式执行的，也就是说，多个线程并不能真正地同时执行，而是通过进程的切换加快网络数据采集的速度。

Python 对多线程的执行有所限制。在 Python 设计之初，为了数据安全所做的设置有全局解释器锁（Global Interpreter Lock，GIL）。在 Python 中，一个线程的执行过程包括获取 GIL、执行代码直到挂起和释放 GIL。例如，某个线程要想执行，必须先拿到 GIL，可以把 GIL 看作"通行证",并且在一个 Python 程序的进程中只能有一个 GIL,拿不到 GIL 的线程不允许进入 CPU 执行。每次释放的 GIL 都会引起线程之间的锁竞争,而切换线程会消耗资源。由于 GIL 的存在,Python 中一个进程永远只能同时执行一个线程(拿到 GIL 的线程才能执行),这就是多核 CPU 上 Python 的多线程效率不高的原因。

由于 GIL 的存在,多线程是不是就没用了呢?以网络数据采集为例,网络数据采集是 IO 密集型,多线程能够有效地提升效率,因为多线程下游 IO 操作会进行 IO 等待,所以会造成不必要的时间浪费,而开启多线程能在线程 A 等待的同时切换到线程 B,可以不浪费 CPU 资源,从而提高程序的执行效率。

Python 的多线程网络数据采集对于 IO 密集型是比较友好的。网络数据采集能够在获取 HTML 数据的过程中使用多线程,从而加快速度。多线程的工作示意如图 8-1 所示。

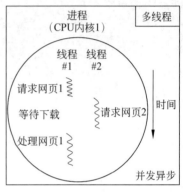

图 8-1 多线程的工作示意

下面将以获取访问量排名前 1000 位的中文网站的速度为例,通过和单线程的网络数据采集的比较证实多线程网络数据采集在速度上的提升。这 1000 个网站的地址是在 Alexca.cn 上获取的,如果需要这 1000 个网站地址的数据,可以直接在站点排名中得到。

假设已经将 1000 个网站的地址下载到了本地,相关文件命名为 alax.txt,并且放在 Jupyter Notebook 所在的文件夹中。

首先,以单线程(单进程)的方式爬取这 1000 个网页,相关代码如下。

```
import requests
import time
link_list = []
with open('alexa.txt', 'r') as file:
    file_list = file.readlines()
    for eachone in file_list:
        link = eachone.split('\\t')[1]
        link = link.replace('\\n','')
        link_list.append(link)
start = time.time()
for eachone in link_list:
    try:
        r = requests.get(eachone)
        print (r.status_code, eachone)
    except Exception as e:
        print('Error: ', e)
end = time.time()
print ('串行的总时间为:', end-start)
```

运行上述代码,得到的结果如下。

串行的总时间为:2030.458

如果采用多线程的网络数据采集,那么需要先了解 Python 中使用多线程的两种方法。

① 函数式:调用_thread 模块中的 start_new_thread()函数产生的新线程。

② 类包装式:调用 threading 库创建线程,从 threading.Thread 继承。

由于篇幅有限,这里只介绍函数式的实现方法。在 Python 3 中不能继续使用 thread 模块,为了兼容性,Python 3 将 thread 重命名为_thread。下面对这个方法举例说明。

```
import _thread
    importtime
    #为线程定义一个函数
    defprint_time(threadName, delay):
        count = 0
        whilecount<3:
            time.sleep(delay)
            count += 1
            print (threadName, time.ctime())
    _thread.start_new_thread(print_time, (\"Thread-1\", 1))
    _thread.start_new_thread(print_time, (\"Thread-2\", 2))
    print (\"MainFinished\")
```

运行上述代码,得到的结果如下。

```
Main Finished
Thread-1 Tue May 23 22:28:15 2018
Thread-2 Tue May 23 22:28:16 2018
Thread-1 Tue May 23 22:28:16 2018
Thread-1 Tue May 23 22:28:17 2018
Thread-2 Tue May 23 22:28:17 2018
Thread-2 Tue May 23 22:28:25 2018
```

可以看到,主线程先完成操作,虽然主线程已经完成,但是两个新的线程还是会继续运行,分别睡眠 1 秒和 2 秒之后输出结果。

接下来将 Python 多线程的代码应用到 1000 个网页上,并开启 5 个线程,代码如下。

```
import threading
import requests
import time
link_list = []
with open('alexa.txt', 'r') as file:
```

```
        file_list = file.readlines()
    for eachone in file_list:
        link = eachone.split('\\t')[1]
        link = link.replace('\\n','')
        link_list.append(link)
start = time.time()
class myThread (threading.Thread):
    def __init__(self, name, link_range):
        threading.Thread.__init__(self)
        self.name = name
        self.link_range = link_range
    def run(self):
        print (\"Starting \" + self.name)
        crawler(self.name, self.link_range)
        print (\"Exiting \" + self.name)
def crawler(threadName, link_range):
    for i in range(link_range[0],link_range[1]+1):
        try:
            r = requests.get(link_list[i], timeout=20)
            print (threadName, r.status_code, link_list[i])
        except Exception as e:
            print(threadName, 'Error: ', e)
thread_list = []
link_range_list = [(0,200),(201,400),(401,600),(601,800),(801,1000)]
    #创建新线程
for i in range(1,6):
    thread = myThread(\"Thread-\" + str(i), link_range_list[i-1])
    thread.start()
    thread_list.append(thread)
#等待所有线程完成
for thread in thread_list:
    thread.join()
end = time.time()
print ('简单多线程爬虫的总时间为:', end-start)
print (\"Exiting Main Thread\")
```

上述代码将 1000 个网页分为 5 份,每份是 200 个网页,相关代码如下。

```
link_range_list = [(0,200),(201,400),(401,600),(601,800),(801,1000)]
```

然后利用一个 for 循环语句创建多个线程,将这些网页分别指派到多个线程中运行,相关代码如下。

```
thread = myThread(\"Thread-\" + str(i), link_range_list[i-1])
```

在每个线程中,将之前单线程网络数据采集中获取网页部分的代码放入 crawler 函数,采集这些网页。为了让这些子线程在执行后再执行主进程,这里使用了 thread.join() 方法等待各个线程执行完毕。最后,记录所有线程执行完成的时间 endstart,从而得到多线程网络数据采集获取 1000 个网页所需的时间。

运行上述代码,得到的结果如下。

```
Starting Thread-1
Starting Thread-2
Starting Thread-3
Starting Thread-4
Thread-1 200 http://www.baidu.com
Thread-2 200 http://www.aliyun.com/
Thread-1 200 http://www.qq.com
Thread-4 200 https://www.tencent.com/
...
简单多线程网络数据采集的总时间为:428.254 秒
```

上述代码存在一些可以改进的地方:把 1000 个网站的链接分为 5 份,所以当某个线程先完成了 200 个网页的网络数据采集之后会退出线程,这样就只剩下 4 个线程在运行,相对于 5 个线程,速度会降低,到最后只剩下一个线程在运行时,就会变成单线程。

8.2 多进程网络数据采集

现在,将串行下载网页的网络数据采集扩展成并行下载。需要注意的是,如果滥用这一功能,那么由于多线程网络数据采集请求内容的速度过快,可能会造成服务器过载或 IP 地址被封禁。为了避免这一问题,此处会设置一个 delay 标识,用于设定请求同一域名时的最小时间间隔。

作为示例的 Alexa 网站列表由于包含 100 万个不同的域名,因此不会出现上述问题。但是,当以后采集同一域名下的不同网页时,就要注意在两次下载之间至少需要 1 秒的延时。

8.2.1 线程和进程如何工作

图 8-2 所示为一个包含多个线程的进程的执行过程。

当运行 Python 脚本或其他计算机程序时,就会创建包含代码和状态的进程。这些进程通过计算机的一个或多个 CPU 执行。不过,同一时间 CPU 只会执行一个进程,然后在不同进程之间快速切换,这样就会给人以多个程序同时运行的感觉。同理,在一个进程中,程序的执行也是在不同线程之间切换的,每个线程执行程序的不同部分,这就意味着当一个线程等待网页下载时,该进程可以切换到其他线程执行,以避免浪费 CPU 时间。因此,为了充分利用计算机中的所有资源尽可能快地下载数据,需要将下载分发到多个进程和线程中。

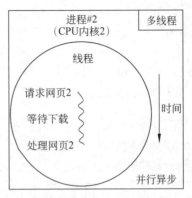

图 8-2 包含多个线程的进程的执行过程

8.2.2 实现多进程采集

在 Python 中实现多线程编程相对来说比较简单。可以保留与链接网络数据采集类似的队列结构,实现多进程网络数据采集时,只需要将前述队伍改为在多个线程中启动网络数据采集循环,即可并行下载这些链接。下面的代码是修改后的链接网络数据采集的起始部分,这里把 crawl 循环移到了函数内部。

```
import time
import threading
from downloader import Downloader
SLEEP_TIME=1
def threaded_crawle r(max_threads=IO):
#加入队列
treeURL=tdnIRtre
D= Downloader (cache = cache, delay = delay, user_agent = user_agent, proxies = proxies,
num retries=num retries,timeout=timeout)
def process queue():
while True:
try:
url=crawl queue.pop()
except IndexError:
#网络数据采集队列为空
break
else:
html=D(url)
```

以下代码是 threaded crawler 函数的剩余部分,这里在多个线程中启动了 process_queue 并等待其完成。

```
threads=[]
while threadsorcrawlqueue:
#网络数据采集活动
for threadinthreads:
if tthread.isalive():
#移除进程
threads.remove(thread)
whilelen(threads)<max_threadsandcrawl_queue:
thread=threading.Thread(target=process_queue)
thread.setDaemon(True)
thread.start()
threads.append(thread)
```

当有 URL 可采集时，上述代码中的循环会不断创建线程，直到达到线程池的最大值。在采集过程中，如果当前队列中没有更多可以采集的 URL，线程就会提前停止。假设有两个线程以及两个待下载的 URL，当第一个线程完成下载时，待采集队列为空，因此该线程退出。第二个线程稍后也完成了下载，但又发现了另一个待下载的 URL。此时，thread 循环注意到还有 URL 需要下载，并且线程数尚未达到最大值，因此又会创建一个新的下载线程。现在，可以使用以下命令测试多线程版本链接网络数据采集的性能。

```
#time python threaded:test.py 54m50.465s
```

由于使用了 5 个线程，因此下载速度几乎是串行方法的 5 倍。

为了进一步改善性能，需要对多线程示例再度扩展，使其支持多进程。目前，网络数据采集队列都存储在本地内存，其他进程都无法处理这一采集。为了解决该问题，需要把网络数据采集队列转移到 MongoDB。单独存储队列意味着即使是不同服务器上的网络数据采集也能够协同处理同一个网络数据采集任务。注意：如果想要拥有更健壮的队列，则需要考虑使用专用的消息传输工具，如 Celery（由 Python 编写的简单、灵活、可靠的分布式系统，用来处理大量信息，同时提供操作和维护分布式系统所需的工具）。不过，为了尽量减少本书介绍的技术种类，这里选择复用 MongoDB。下面是基于 MongoDB 实现的队列代码，示例如下。

```
from datetime import datetime, timedelta
from pymongo import MongoClient, errors
class MongoQueue:
Released: test
q.pop() == url #pop URL again
True
bool(q) #queue is still active while outstanding
True
q.complete(url) #complete this URL
bool(q) #queue is not complete
```

```python
        False
    OUTSTANDING, PROCESSING, COMPLETE = range(3)
    def __init__(self, client=None, timeout=300):
        host: the host to connect to MongoDB
        port: the port to connect to MongoDB
        timeout: the number of seconds to allow for a timeout
        self.client = MongoClient() if client is None else client
        self.db = self.client.cache
        self.timeout = timeout
    def __nonzero__(self):
        Returns True if there are more jobs to process
        record = self.db.crawl_queue.find_one(
            {'status': {'$ne': self.COMPLETE}}
        )
        return True if record else False
    def push(self, url):
        Add new URL to queue if does not exist
        try:
            self.db.crawl_queue.insert({'_id': url, 'status': self.OUTSTANDING})
        except errors.DuplicateKeyError as e:
            pass #this is already in the queue
    def pop(self):
        Get an outstanding URL from the queue and set its status to processing.
        If the queue is empty a KeyError exception is raised.
        record = self.db.crawl_queue.find_and_modify(
            query={'status': self.OUTSTANDING},
            update={'$set': {'status': self.PROCESSING, 'timestamp': datetime.now()}}
        )
        if record:
            return record['_id']
        else:
            self.repair()
            raise KeyError()
    def peek(self):
        record = self.db.crawl_queue.find_one({'status': self.OUTSTANDING})
        if record:
            return record['_id']
    def complete(self, url):
        self.db.crawl_queue.update({'_id': url}, {'$set': {'status': self.COMPLETE}})
    def repair(self):
        Release stalled jobs
```

```
            record = self.db.crawl_queue.find_and_modify(
                query={
                    'timestamp': {'$lt': datetime.now() - timedelta(seconds=self.timeout)},
                    'status': {'$ne': self.COMPLETE}
                },
                update={'$set': {'status': self.OUTSTANDING}}
            )
            if record:
                print 'Released:', record['_id']
    def clear(self):
        self.db.crawl_queue.drop()
```

上述代码中的队列定义了 3 种状态：OUTSTANDING、PROCESSING 和 COMPLETE。当添加一个新 URL 时，其状态为 OUTSTANDING；当从队列中取出 URL 并准备下载时，其状态为 PROCESSING；当下载结束后，其状态为 COMPLETE。该实现中，大部分代码都在关注从队列中取出的 URL 无法正常完成时的处理，如处理 URL 的进程被终止的情况。为了避免丢失这些 URL 的结果，该类使用了一个 timeout 参数，其默认值为 300 秒。在 repair() 方法中，如果某个 URL 的处理时间超过了这个 timeout 值，就会认定处理过程出现了错误，URL 的状态将被重新设为 OUTSTANDING，以便再次处理。

为了支持这个新的队列类型，还需要对多线程网络数据采集的代码进行少量修改，下面的代码已经对修改部分进行了加粗处理，示例如下。

```
def threadedcrawler(...):
    #排队等候
    crawl_queue=MongQueue()
    crawl_queue.push(seed_url)

    def processqueue():
        while True:
            #处理进程 URL
            try:
                url=crawlqueue.pop()
            except KeyError:
                #当前过程
                break
            else:
                crawl_qteue.complete(url)
```

第一个改动是将 Python 内建队列替换成基于 MongoDB 的新队列，这里将其命名为 MongoQueue。由于该队列会在内部实现中处理重复 URL 的问题，因此不再需要 seen 变量。最后，在 URL 处理结束后调用 complete() 方法，用于记录该 URL 已经被成功解析。

更新后的多线程网络数据采集还可以启动多个进程，示例如下。

```python
import multiprocessing
    def process_link_crawler(args, **kwargs):
        num_cpus = multiprocessing.cpu_count()
        print 'Starting    {}processes'.format(num_cpus)
        processes=    []
        for i    in range(num_cpus):
          p = multiprocessing.Process(target=threaded_crawler,args=[args],kwargs=kwargs)
          p.start()
          processes.append(p)
        #waitforprocessestocomplete
        for p inprocesses:
          p.join()
```

8.3　实验 9: Scrapy 天气数据采集

本实验将介绍如何使用 Scrapy 采集天气信息，完成本实验后，读者能对 Python Scrapy 有一个初步的认识，并能进行简单的数据采集需求开发。

8.3.1　创建项目

在开始采集之前，必须先创建一个新的 Scrapy 项目。进入存储代码的目录，运行下列命令。

```
# scrapy startproject weather
```

如果正常，则效果如图 8-3 所示。

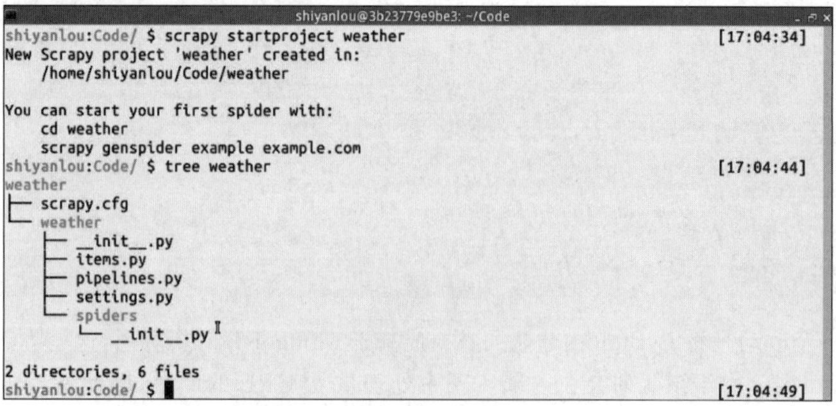

```
shiyanlou:Code/ $ scrapy startproject weather                [17:04:34]
New Scrapy project 'weather' created in:
    /home/shiyanlou/Code/weather

You can start your first spider with:
    cd weather
    scrapy genspider example example.com
shiyanlou:Code/ $ tree weather                               [17:04:44]
weather
├── scrapy.cfg
└── weather
    ├── __init__.py
    ├── items.py
    ├── pipelines.py
    ├── settings.py
    └── spiders
        └── __init__.py

2 directories, 6 files
shiyanlou:Code/ $                                            [17:04:49]
```

图 8-3　目录结构

这些文件的相关说明如下。
- Scrapy.cfg：项目的配置文件。
- weather/：项目的 Python 模块，之后将在此加入代码。
- /items.py：项目中的 Item 文件。
- /pipelines.py：项目中的 pipelines 文件。
- /settings.py：项目的设置文件。
- weather/spiders/：放置 spider 代码的目录。

8.3.2 定义 Item

Item 是保存采集到的数据的容器，其使用方法和 Python 字典类似，并且提供了额外的保护机制，以避免因拼写错误而导致的未定义字段错误。根据需要利用从 weather.sina.com.cn 获取的数据对 Item 进行建模。

需要从 weather.sina.com.cn 中获取当前城市名、后续 9 天的日期、天气描述和温度等信息。对此，在 Item 中定义相应的字段。编辑 weather 目录中的 items.py 文件，示例如下。

```
#-*-coding:utf-8-*-
import Scrapy
class WeatherItem(Scrapy.Item):
#在这里定义项目的字段
#name=Scrapy.Field()
#demo 1
city=Scrapy.Field()
date=Scrapy.Field()
dayDesc=Scrapy.Field()
dayTemp=Scrapy.Field()
pass
```

8.3.3 编写采集天气数据的程序

Spider 是用户编写的用于从单个网站（或者一些网站）采集数据的类，包含一个用于下载的初始 URL、获取网页中的链接以及分析页面中的内容、提取生成 Item 的方法。为了创建一个 Spider，必须继承 Scrapy.Spider 类，并定义以下 3 个内容。

① name：用于区别 Spider。该名字必须是唯一的，不可以为不同的 Spider 设定相同的名字。

② start_urls：包含 Spider 在启动时采集的 URL 列表，因此第一个获取的页面将是其中之一。后续的 URL 则从初始的 URL 获取的数据中提取。

③ parse()：Spider 的一个函数。被调用时，每个初始 URL 完成下载后生成的 Response 对象将会作为唯一的参数传递给该函数。该函数负责解析返回的数据（response data）、提取数据（生成 Item）以及生成需要进一步处理的 URL 的 Request

对象。

通过浏览器的查看源码工具分析需要获取的数据源码，示例如下。

```
<h4 class="slider_ct_name"id="slider_ct_name">武汉</h4>
...
<div class="blk_fc_c0_scroll"id="blk_fc_c0_scroll"style="width:1700px;">
<div class="blk_fc_c0_i">
<p class="wt_fc_c0_i_date">01-28</p>
<p class="wt_fc_c0_i_day wt_fc_c0_i_today">今天</p>
<p class="wt_fc_c0_i_icons clearfix">
<img class="icons0_wt png24" src="http://www.sinaimg.cn/dy/weather/main/index14/007/icons_42_yl/w_04_27_00.png "alt="雨夹雪"title="雨夹雪">
<img class="icons0_wt png24" src="http://www.sinaimg.cn/dy/weather/main/index14/007/icons_42_yl/w_04_29_01.png "alt="中雪"title="中雪">
</p>
<p class="wt_fc_c0_i_times">
<span class="wt_fc_c0_i_time">白天</span>
<span class="wt_fc_c0_i_time">夜间</span>
</p>
<p class="wt_fc_c0_i_temp">1°C/-2°C</p>
<p class="wt_fc_c0_i_tip">北风 3~4 级</p>
<p class="wt_fc_c0_i_tip">无持续风向小于 3 级</p>
</div>
<div class="blk_fc_c0_i">
<p class="wt_fc_c0_i_date">01-29</p>
<p class="wt_fc_c0_i_day">星期四</p>
<p class="wt_fc_c0_i_icons clearfix">
<img class="icons0_wt png24" src="http://www.sinaimg.cn/dy/weather/main/index14/007/icons_42_yl/w_04_29_00.png "alt="中雪"title="中雪">
<img class="icons0_wt png24" src="http://www.sinaimg.cn/dy/weather/main/index14/007/icons_42_yl/w_07_25_01.png "alt="阴"title="阴">
</p>
<p class="wt_fc_c0_i_times">
<span class="wt_fc_c0_i_time">白天</span>
<span class="wt_fc_c0_i_time">夜间</span>
</p>
<p class="wt_fc_c0_i_temp">1°C/-2°C</p>
<p class="wt_fc_c0_i_tip">无持续风向小于 3 级</p>
</div>
...
</div>
```

由上述代码可以得出以下结论：

- 城市名可以通过获取 id 为 slider_ct_name 的 h4 元素获取；

- 日期可以通过获取 id 为 blk_fc_c0_scroll、class 为 wt_fc_c0_i_date 的 p 元素获取；
- 天气可以通过获取 id 为 blk_fc_c0_scroll、class 为 icons0_wt 的 img 元素获取；
- 温度可以通过获取 id 为 blk_fc_c0_scroll、class 为 wt_fc_c0_i_temp 的 p 元素获取。

Spider 代码如下，其保存在 weather/spiders 目录下的 localweather.py 文件中，示例如下。

```
#-*-coding:utf-8-*-
import Scrapyfrom weather.items
import WeatherItem
class WeatherSpider(Scrapy.Spider):
name="myweather"
allowed_domains=["sina.com.cn"]
start_urls=['http://weather.sina.com.cn']
def parse(self,response):
item=WeatherItem()#把 WeatherItem()实例化成 Item 对象
item['city']=response.xpath('//*[@id="slider_ct_name"]/text()').extract()
#//*:选取文档中的所有元素。@:选择属性。/:从节点选取。extract():提取
tenDay=response.xpath('//*[@id="blk_fc_c0_scroll"]');
item['date']=tenDay.CSS('p.wt_fc_c0_i_date::text').extract()
item['dayDesc']=tenDay.CSS('img.icons0_wt::attr(title)').extract()
item['dayTemp']=tenDay.CSS('p.wt_fc_c0_i_temp::text').extract()
return item
```

代码中的 xpath 和 CSS 后面括号的内容为选择器。

8.3.4 运行程序验证数据

需要验证程序是否能正常工作（能否取得想要的数据），验证方法就是在命令行（在项目的 Scrapy.cfg 文件同级目录运行命令）中运行下面的代码，示例如下。

```
#scrapy crawl myweather-o wea.json
```

这行命令的意思是运行名字为 myweather 的程序（在上一步中定义的），然后把结果以 JSON 格式保存在 wea.json 文件中。命令的运行结果如图 8-4 所示。

查看当前目录下的 wea.json 文件，正常情况下的效果如图 8-5 所示。

可以看到，wea.json 中已经采集到天气数据了，但数据是以 Unicode 方式编码的。

8.3.5 保存采集到的数据

前文只是把数据保存在 JSON 文件中，如果想保存在文件或数据库中，应该如何操作呢？这里就要用到 Item Pipeline 了，那么 Item Pipeline 是什么呢？

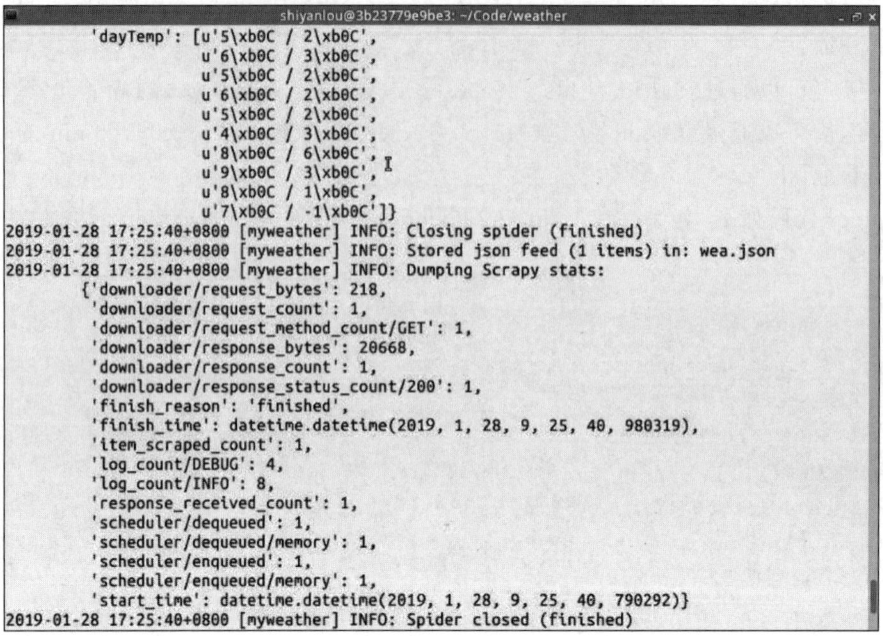

```
shiyanlou@3b23779e9be3: ~/Code/weather
        'dayTemp': [u'5\xb0C / 2\xb0C',
                    u'6\xb0C / 3\xb0C',
                    u'5\xb0C / 2\xb0C',
                    u'6\xb0C / 2\xb0C',
                    u'5\xb0C / 2\xb0C',
                    u'4\xb0C / 3\xb0C',
                    u'8\xb0C / 6\xb0C',
                    u'9\xb0C / 3\xb0C',
                    u'8\xb0C / 1\xb0C',
                    u'7\xb0C / -1\xb0C']}
2019-01-28 17:25:40+0800 [myweather] INFO: Closing spider (finished)
2019-01-28 17:25:40+0800 [myweather] INFO: Stored json feed (1 items) in: wea.json
2019-01-28 17:25:40+0800 [myweather] INFO: Dumping Scrapy stats:
        {'downloader/request_bytes': 218,
         'downloader/request_count': 1,
         'downloader/request_method_count/GET': 1,
         'downloader/response_bytes': 20668,
         'downloader/response_count': 1,
         'downloader/response_status_count/200': 1,
         'finish_reason': 'finished',
         'finish_time': datetime.datetime(2019, 1, 28, 9, 25, 40, 980319),
         'item_scraped_count': 1,
         'log_count/DEBUG': 4,
         'log_count/INFO': 8,
         'response_received_count': 1,
         'scheduler/dequeued': 1,
         'scheduler/dequeued/memory': 1,
         'scheduler/enqueued': 1,
         'scheduler/enqueued/memory': 1,
         'start_time': datetime.datetime(2019, 1, 28, 9, 25, 40, 790292)}
2019-01-28 17:25:40+0800 [myweather] INFO: Spider closed (finished)
```

图 8-4　运行结果

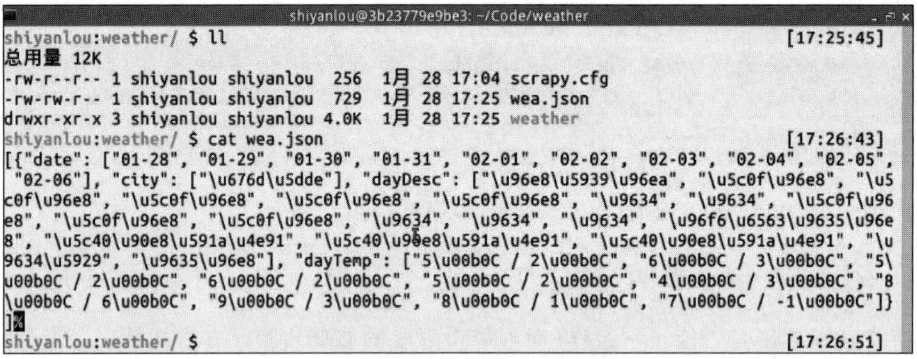

```
shiyanlou@3b23779e9be3: ~/Code/weather
shiyanlou:weather/ $ ll                                                [17:25:45]
总用量 12K
-rw-r--r-- 1 shiyanlou shiyanlou  256  1月 28 17:04 scrapy.cfg
-rw-rw-r-- 1 shiyanlou shiyanlou  729  1月 28 17:25 wea.json
drwxr-xr-x 3 shiyanlou shiyanlou 4.0K  1月 28 17:25 weather
shiyanlou:weather/ $ cat wea.json                                      [17:26:43]
[{"date": ["01-28", "01-29", "01-30", "01-31", "02-01", "02-02", "02-03", "02-04", "02-05",
 "02-06"], "city": ["\u676d\u5dde"], "dayDesc": ["\u96e8\u5939\u96ea", "\u5c0f\u96e8", "\u5
c0f\u96e8", "\u5c0f\u96e8", "\u5c0f\u96e8", "\u5c0f\u96e8", "\u9634", "\u9634", "\u5c0f\u96
e8", "\u5c0f\u96e8", "\u5c0f\u96e8", "\u9634", "\u9634", "\u9634", "\u96f6\u6563\u9635\u96e
8", "\u5c40\u90e8\u591a\u4e91", "\u5c40\u90e8\u591a\u4e91", "\u5c40\u90e8\u591a\u4e91", "\u
9634\u5929", "\u9635\u96e8"], "dayTemp": ["5\u00b0C / 2\u00b0C", "6\u00b0C / 3\u00b0C", "5\
u00b0C / 2\u00b0C", "6\u00b0C / 2\u00b0C", "5\u00b0C / 2\u00b0C", "4\u00b0C / 3\u00b0C", "8
\u00b0C / 6\u00b0C", "9\u00b0C / 3\u00b0C", "8\u00b0C / 1\u00b0C", "7\u00b0C / -1\u00b0C"]}
]%
shiyanlou:weather/ $                                                   [17:26:51]
```

图 8-5　JSON 文件内容

当 Item 在 Spider 中被收集之后，将被传递到 Item Pipeline 中，一些组件会按照一定顺序执行对 Item 的处理。

每个 Item Pipeline 组件（有时称为 Item Pipeline）都是实现了简单方法的 Python 类，它们接收到 Item 并通过它执行了一些行为，同时决定此 Item 是否继续通过 Pipeline，或是被丢弃而不再进行处理。

Item Pipeline 组件的典型应用如下：

- 清理 HTML 数据；
- 验证采集的数据（检查 Item 包含哪些字段）；
- 查重（并丢弃）；
- 将采集结果保存到文件或数据库。

每个 Item Pipeline 组件都需要调用 process_item 方法,这个方法必须返回一个 Item (或任意继承类)对象,或是抛出 DropItem 异常,被丢弃的 Item 将不会被之后的 Pipeline 组件处理。这里把数据转码后保存在 wea.txt 文本中。Pipelines.py 文件在创建项目时已经自动创建,并在其中加上保存到文件的代码,示例如下。

```
#-*-coding:utf-8-*-
定义项目管理,将管道添加到 ITEM_PIPELINES 设置
class WeatherPipeline(object):
def_init_(self):
pass
def process_item(self,item,spider):
with open('wea.txt','w+')as file:
city=item['city'][0].encode('utf-8')
file.write('city:'+str(city)+'\n\n')
date=item['date']
desc=item['dayDesc']
dayDesc=desc[1::2]
nightDesc=desc[0::2]
dayTemp=item['dayTemp']
weaitem=zip(date,dayDesc,nightDesc,dayTemp)
for i in range(len(weaitem)):
item=weaitem[i]
d=item[0]
dd=item[1]
nd=item[2]
ta=item[3].split('/')
dt=ta[0]
nt=ta[1]
txt='date:{0}\t\tday:{1}({2})\t\tnight:{3}({4})\n\n'.format(
d,
dd.encode('utf-8'),
dt.encode('utf-8'),
nd.encode('utf-8'),
nt.encode('utf-8')
)
file.write(txt)
return item
```

8.3.6 运行程序

在项目的 Scrapy.cfg 同级目录下用以下命令运行网络数据采集程序。

```
#Scrapy crawl myweather
```

正常情况下效果如图 8-6 所示。

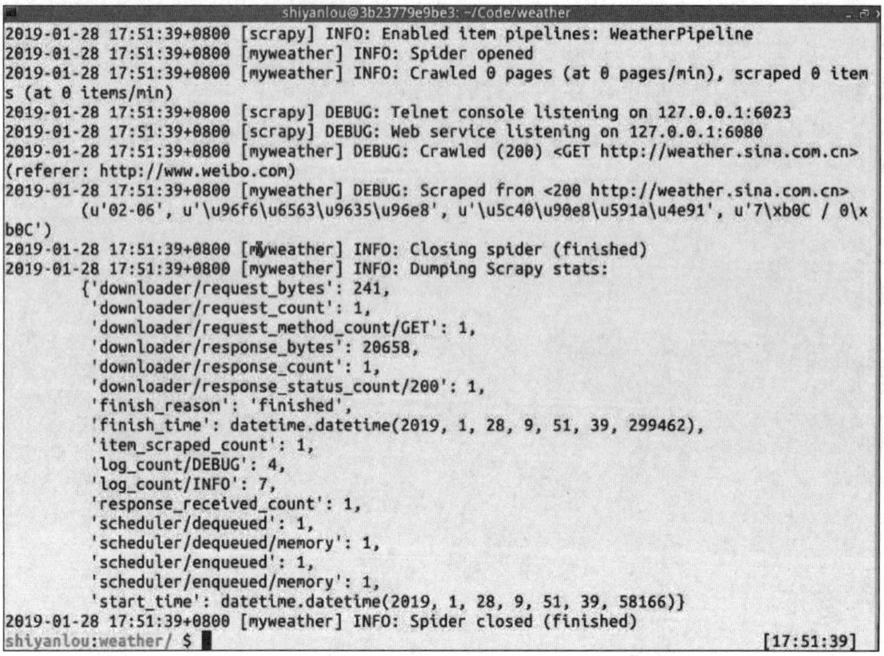

图 8-6　运行程序

此时，在当前目录下会多出一个 wea.txt 文件，如图 8-7 所示。

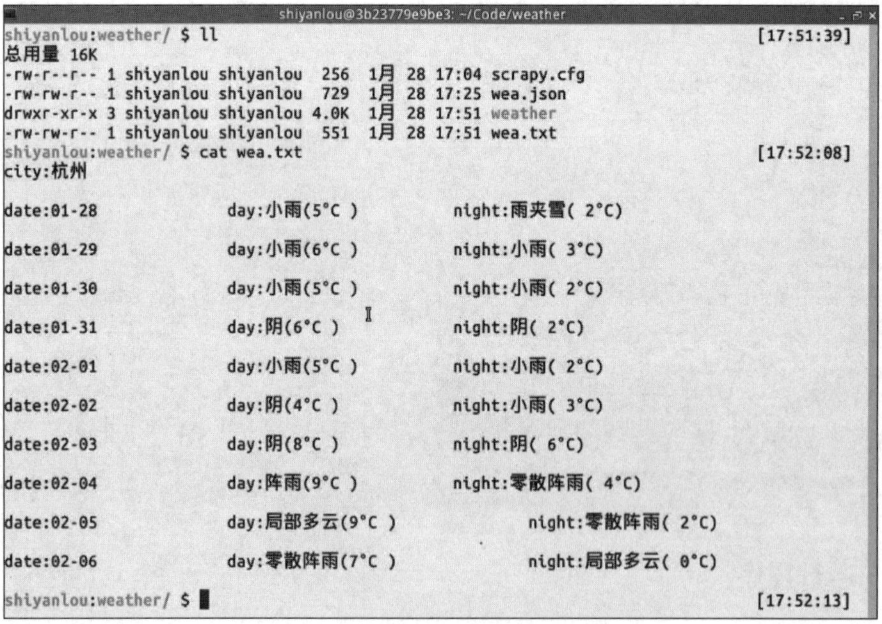

图 8-7　采集数据

至此，基于Scrapy的天气数据采集程序就完成了。

本 章 小 结

本章介绍了如何提升网络数据采集的速度的方法，主要有两种：多线程网络数据采集和多进程网络数据采集。相对于普通的单线程网络数据采集，使用上述方法可以使网络数据采集速度成倍提升。

习　　题

1. 填空

(1) 某一个网络爬虫叫作NoSpider，编写一个Robots协议文本，限制该爬虫爬取根目录下的所有html类型文件，但不限制其他文件。请填写robots.txt中空白处的内容。

```
User-agent:NoSpider
Disallow:_____
```

(2) 请填写以下程序的空白部分，使得该语句能够输出向服务器提交的URL链接。

```
import requests
r =  requests.get(url)
print(r._____)
```

2. 问答题

(1) 简述Python多线程的实现方法。
(2) 多线程的优势有哪些?

图书资源支持

感谢您一直以来对清华版图书的支持和爱护。为了配合本书的使用,本书提供配套的资源,有需求的读者请扫描下方的"书圈"微信公众号二维码,在图书专区下载,也可以拨打电话或发送电子邮件咨询。

如果您在使用本书的过程中遇到了什么问题,或者有相关图书出版计划,也请您发邮件告诉我们,以便我们更好地为您服务。

我们的联系方式:

地　　址:北京市海淀区双清路学研大厦 A 座 714

邮　　编:100084

电　　话:010-83470236　　010-83470237

客服邮箱:2301891038@qq.com

QQ:2301891038(请写明您的单位和姓名)

资源下载:关注公众号"书圈"下载配套资源。

书　圈

获取最新书目

观看课程直播